Digital Transformation
のための
要求獲得実践ガイド

一般社団法人 情報サービス産業協会　要求工学グループ　編

近代科学社Digital

刊行にあたって

　一般社団法人情報サービス産業協会は, システムインテグレータ企業等約500社で構成される情報サービス事業者団体です. 社会の革新, ビジネス, 人材, 技術, 国際, 企画・広報の各委員会において業界共通の課題や将来の業界のあり方などを議論し, 業界内外へ発信しています.

　昨今はSNSやスマホの普及や, Z世代と言われる, 生まれながらにしてデジタルネイティブである世代の人口割合が多くなったことで, 社会の多くのサービスがデジタルと融合してきています. デジタル技術が日々高度化し, そのデジタル技術によりビジネスのスピードが加速する中で, ITエンジニアの果たすべき役割も変革が求められています.

　当協会が継続的に取り組んできた要求工学知識体系REBOK (アールイーボック：Requirements Engineering Body Of Knowledge) は, 日本社会の特徴を踏まえた上でグローバルに通用する要求開発プロセスを構築する知識体系です.

　情報サービス事業者の競争力の源泉の1つとして, 上流工程の技術力の高度化を目指し, 2006年度に技術委員会傘下に, 要求工学研究会を設置し, 2009年度からは要求工学知識体系を策定するワーキンググループとして再編成しながら, 現在も活動を続けています.

　活動成果として, 2011年「要求工学知識体系 (REBOK)」, 2014年「要求工学実践ガイド」, 2015年「REBOKに基づく要求分析実践ガイド」を出版し, そして今回, DX (Digital Transformation) の社会実装をスムーズに実践する検討活動の成果を上辞することとなりました.

　本書の完成までには, ワーキンググループ委員のみならず, JISA技術委員会・デジタル技術部会の委員各社並びに関係諸機関の皆様にも多大なご支援を頂戴いたしました. ここに厚く御礼申し上げます.

　本書として, 要求工学に関心をお持ちいただき, グローバル競争を勝ち抜く技術力を, 是非身につけていただければ幸いに存じます.

2023年3月
一般社団法人 情報サービス産業協会 副会長
技術委員会 委員長 佐々木 裕

Digital Transformation のための要求獲得実践ガイドへようこそ

　本書は，要求工学知識体系（REBOK）[アールイーボック] の第 4 弾として，Digital Transformation の実現のための要求獲得技術を体系的にカバーするガイドとしてまとめたものである．

　一般社団法人情報サービス産業協会（JISA）技術委員会 デジタル技術部会 要求工学グループは，Digital Transformation（DX）の社会実装をスムーズに実践するための要求工学の知識体系の開発に取り組んできた．本書は，JISA の活動成果である要求工学知識体系 REBOK[1]，要求工学実践ガイド [2]，要求分析実践ガイド [3] に基づき，グループの活動成果をまとめたものである．本書は特に，社会にインパクトを与える「問題発見」のための要求獲得技術と，「価値創出」のためのモデリング技術を中心に，DX に取り組む技術者，開発者，経営者，そして，将来，情報化社会で実務を担うであろう大学院生，大学生などの幅広い読者が，手引書として活用しやすいように体系的かつ実践を意識してまとめている．

　本書は，主に 3 つのパートで構成している．最初のパートは，1 章から 7 章に相当する．ここでは，要求獲得技術において特に重視されるステークホルダ分析技術について，モデリング手法，ワークショップ実施手法，非機能要求獲得，プロトタイピングなどの様々な角度から具体事例を用いて解説する．

　2 番目のパートは，第 8 章と第 9 章に対応する部分である．ここでは，価値創出のためのモデリング技術について解説する．ユーザ視点で問題発見と解決策考案を具体化するためのデザイン思考の実践ノウハウ，ビジネスモデリング手法，アジャイル開発手法をとりあげて解説する．2 章〜7 章および 9 章は，要求獲得に係る様々な知見を，問題と解決策を対にした知識継承の方法である，パターン・ランゲージを用いて，タイトル，背景，課題，解決策，適用例の項目で記述している．

　最後のパートとなる 10 章以降は，さらにインパクトのあるソリューションを考案するため，要求獲得技術の新たな萌芽について解説する．例えば，コロナ禍がきっかけとなり，リモートによる要求獲得ワークショッ

プの機会が増加していることを考慮した，メタバースや表情分析ツールの活用による新たな要求獲得ワークショップの実践技術，技術者個人が感性を高めて新たな問題提起が可能となるヒューマンスキルを高める，アート思考に基づく要求獲得手法について解説し，今後の要求獲得技術を展望する．

　本書の執筆者は，要求獲得の現場での豊富な実践経験のある技術者，研究者であり，実践ノウハウを具体事例と分かりやすい図表を多数用いて解説することに努めた．また，本書では，デザイン思考，メタバース，非言語要求，アート思考などの技術トレンドを含む要求獲得技術の新しい波についても展望した．

　本書の各章は，その章のみで独立して理解できるように記述している．従って，読者が関心を持ったテーマに該当する章をピックアップし，どこからでも読み進めることが可能である．特に，DX に関わる業務を開始したばかりの初級技術者には，9 章の 10 個のパターン記述の中から，自身が直面する課題に近いものを選択し，そこから読み始めることをおすすめする．著者らは，パターンの記述の理解において，自身の課題にどのように適用可能かを探究しながら読んでいただくことを想定している．本書が要求獲得に取り組む多くの方々の一助になることを期待する．

　本書は，2011 年の要求工学知識体系 REBOK の出版以来，JISA による要求工学の実践に関する様々な活動の積み上げによって得られた成果である．10 年以上に渡り，要求工学の推進と技術深耕の機会を提供してくださっている，JISA の関係者の方々，会員企業の皆様に深く感謝する．また，本書の書籍化を企画し，多大なアドバイスをくださった，前要求工学部会委員長である青山幹雄先生に心より感謝する．

2023 年 3 月

技術委員会 デジタル技術部会

要求工学グループ リーダ 位野木 万里

執筆者一覧

青山幹雄（南山大学 名誉教授）[企画, 1章]

位野木万里（工学院大学）[編集, 1章, 2章, 8章, 9章, 10章〜12章]

斎藤忍（日本電信電話（株））[1章, 3章, 4章, 9章, 10章〜12章]

飯村結香子（日本電信電話（株））[3章]

崎山直洋（（株）NTT データ）[4章]

森田功（元・富士通（株））[5章, 6章, 9章, 10章〜12章]

鈴木ひろみ（富士通（株））[5章, 6章, 10章〜12章]

中村一仁（富士通（株））[5章, 6章, 10章〜12章]

有本和樹（リコー IT ソリューションズ（株））[7章, 9章, 10章〜12章]

北川貴之（東芝デジタルソリューションズ（株））[編集, 9章, 10章〜12章]

野村典文（伊藤忠テクノソリューションズ（株））[9章, 10章〜12章]

副島千鶴（（株）NTT データ）[9章, 10章〜12章]

田中貴子（NTT テクノクロス（株））[9章, 10章〜12章]

大下義勝（（株）日立ソリューションズ）[9章, 10章〜12章]

天野めぐみ（伊藤忠テクノソリューションズ（株））[10章〜12章]

梶野晋（NEC ソリューションイノベータ（株））[1章, 10章〜12章]

小川英孝（NEC ソリューションイノベータ（株））[10章〜12章]

前田和彦（（株）構造計画研究所）[10章〜12章]

竹内智哉（（株）日本総合研究所）[10章〜12章]

辻村朋大（（一社)情報サービス産業協会）[企画, 編集]

参考文献

[1] 一般社団法人情報サービス産業協会 REBOK 企画 WG, 要求工学知識体系, 近代科学社, 2011.

[2] 一般社団法人情報サービス産業協会 REBOK 企画 WG, 要求工学実践ガイド, REBOK シリーズ 2, 近代科学社, 2014.

[3] 飯村結香子, 斎藤忍, 監修：青山幹雄, REBOK に基づく要求分析実践ガイド, REBOK シリーズ 3, 近代科学社, 2015.

目次

刊行にあたって 3

Digital Transformation のための要求獲得実践ガイドへようこそ 4

執筆者一覧 6

第1章　要求獲得をはじめよう

1.1　はじめに 16

1.2　要求獲得とは 16

   1.2.1　要求獲得は情報システム開発の源流 16

   1.2.2　要求工学の対象は広い意味でのシステム 16

1.3　要求とは 18

   1.3.1　現状システムから将来システムを実現する要求の3層構造 19

   1.3.2　機能要求と非機能要求 21

1.4　要求獲得プロセス 23

1.5　要求獲得の基礎技術 24

   1.5.1　システムへの俯瞰アプローチとユーザ視点アプローチ 24

   1.5.2　要求獲得のキーテクノロジー：ステークホルダ分析，ゴール分析，エンタープライズ分析，シナリオ分析 25

   1.5.3　システムを捉える3つの視点：機能，構造，挙動 26

   1.5.4　要求の源泉と獲得技術 27

1.6　ステークホルダ分析 29

1.7　インタビューとワークショップ 30

   1.7.1　インタビュー 30

   1.7.2　ワークショップ 31

1.8　ゴール分析 32

1.9　エンタープライズ分析 33

1.10　ユーザの視点から要求を明確にするシナリオ分析 34

1.11　プロトタイピング 35

1.12　要求管理と見積り 36

   1.12.1　上流からの要求管理 37

   1.12.2　要求文書の管理 38

   1.12.3　要求スコープの管理 38

   1.12.4　要求トレース管理 39

1.12.5 要求に基づく見積り 要求に基づく見積り 40

第2章　　ステークホルダ分析

2.1 はじめに 42
2.2 まず誰に要求を聞くべきかを決める 43
　　2.2.1 背景 43
　　2.2.2 課題 43
　　2.2.3 解決策 43
　　2.2.4 適用例 44
2.3 要求をヒアリングするステークホルダを漏れなく洗い出す 45
　　2.3.1 背景 45
　　2.3.2 課題 46
　　2.3.3 解決策 46
　　2.3.4 適用例 47
2.4 要求の優先度決定に影響を与えるキーパーソンを見つける 50
　　2.4.1 背景 50
　　2.4.2 課題 50
　　2.4.3 解決策 51
　　2.4.4 適用例 52
2.5 ちゃぶ台返しを防止するためステークホルダ間の関係をさらに詳
　　細に捉える 54
　　2.5.1 背景 54
　　2.5.2 課題 54
　　2.5.3 解決策 54
　　2.5.4 適用例 55

第3章　　要求ワークショップ

3.1 はじめに 60
3.2 組織をまたがるステークホルダで協調する 60
　　3.2.1 背景 60
　　3.2.2 課題 61
　　3.2.3 解決策 61
　　3.2.4 適用例 69

第4章　CATWOE：打つべき課題を明らかにする

4.1　はじめに 78
4.2　分析領域を定義する 78
　4.2.1　背景 78
　4.2.2　課題 78
　4.2.3　解決策 78
　4.2.4　適用例 83
4.3　背景も含めて課題を分析し，主要課題を絞り込む 85
　4.3.1　背景 85
　4.3.2　課題 85
　4.3.3　解決策 86
　4.3.4　適用例 88

第5章　概念モデルで現行業務を理解する

5.1　はじめに 92
5.2　現行業務理解のための概念モデリング 92
　5.2.1　背景 92
　5.2.2　課題 92
　5.2.3　解決策 92
5.3　業務を捉えながら概念モデルを作成する 99
　5.3.1　背景 99
　5.3.2　課題 99
　5.3.3　解決策 99
　5.3.4　適用例 106
5.4　理解した内容をステークホルダに確認する 110
　5.4.1　背景 110
　5.4.2　課題 110
　5.4.3　解決策 110
　5.4.4　適用例 113

第6章　非機能要求の獲得

6.1　はじめに 118

6.2 要求定義で獲得すべき非機能要求とは 118
    6.2.1 背景 118
    6.2.2 課題 118
    6.2.3 解決策 119
6.3 非機能要求定義の進め方 124
    6.3.1 背景 124
    6.3.2 課題 124
    6.3.3 解決策 124
6.4 非機能要求の落としどころ 127
    6.4.1 背景 127
    6.4.2 課題 127
    6.4.3 解決策 128
6.5 非機能要求獲得の適用例 130

第7章　製品開発の要求獲得

7.1 はじめに 136
7.2 プロトタイピングによるステークホルダが納得する要求の断捨
    離 136
    7.2.1 背景 136
    7.2.2 課題 136
    7.2.3 解決策 138
    7.2.4 適用例 138

第8章　価値創出のための　　　モデリング技術への要求

8.1 はじめに 146
8.2 従来型の要求獲得の課題 146
8.3 イノベーションを加速するために必要な視点 147
8.4 価値創出のためのモデリング技術への要求 149

第9章　REBOK(DX編)パターン

9.1 はじめに 154
9.2 ステークホルダへの提供価値をデザインする 154

9.2.1 背景 154

9.2.2 課題 154

9.2.3 解決策 155

9.2.4 適用例 156

9.3 製品開発で訴求効果のある機能を作りたい 161

9.3.1 背景 161

9.3.2 課題 161

9.3.3 解決策 161

9.3.4 適用例 161

9.4 新しいサービスを創出する 163

9.4.1 背景 163

9.4.2 課題 163

9.4.3 解決策 163

9.4.4 適用例 164

9.5 ユーザの体験価値をストーリーで考える 168

9.5.1 背景 168

9.5.2 課題 168

9.5.3 解決策 169

9.5.4 適用例 169

9.6 既販サービスを継続的に改善する 172

9.6.1 背景 172

9.6.2 課題 172

9.6.3 解決策 172

9.6.4 適用例 173

9.7 素早く作り，ビジネス価値を検証する 174

9.7.1 背景 174

9.7.2 課題 174

9.7.3 解決策 174

9.7.4 適用例 175

9.8 重要なステークホルダを見つけるには？ 177

9.8.1 背景 177

9.8.2 課題 177

9.8.3 解決策 177

9.8.4 適用例 178

9.9 デザイン思考サイクルを高速化するにはチームで MVP をつく
る勘どころがあるとスムーズ 179
    9.9.1 背景 179
    9.9.2 課題 179
    9.9.3 解決策 180
    9.9.4 適用例 180
9.10 デザイン思考サイクルを高速化するには価値の伝わる実装する
MVP を早く見極める 182
    9.10.1 背景 182
    9.10.2 課題 182
    9.10.3 解決策 182
9.11 新しいビジネスを構想する 183
    9.11.1 背景 183
    9.11.2 課題 183
    9.11.3 解決策 183
    9.11.4 適用例 183

第10章 要求獲得技術の新しい波

10.1 はじめに 190
10.2 REBOK(DX) 編へのさらなる要求 190
10.3 REBOK(DX) 編の拡張イメージ 191

第11章 デザイン思考の実践

11.1 はじめに 194
11.2 要求工学プロセスにおける成果物とデザイン思考 194
11.3 プロトタイピングとデザイン思考 195
11.4 プロトタイピング活用によるデザイン思考と従来型要求獲得手
法の連結手法 196
    11.4.1 課題と解決策アプローチ 196
    11.4.2 役割別プロトタピング手法 197
11.5 GX とデザイン思考 201
11.6 非言語要求を可視化する拡張 CJM と要求獲得 202
    11.6.1 拡張 CJM の適用例 204
    11.6.2 要求獲得プロセスにおける表情分析ツールの活用 206

第12章　要求獲得の未来トレンド

12.1　はじめに 210

12.2　メタバースを活用した要求獲得 210

　　12.2.1　メタバースにおけるデザイン思考ワークショップ 211

　　12.2.2　ワークショップ実施状況と作成成果物 212

　　12.2.3　ワークショップの実施状況の分析と評価 212

　　12.2.4　要求獲得ワークショップにおけるメタバースの利用方法 .. 214

12.3　アート思考と要求獲得 215

　　12.3.1　様々な思考法と要求獲得手法の融合 216

　　12.3.2　アート思考のねらい 217

　　12.3.3　アート思考に基づく感性の強化による技術者育成 218

　索引 221

　一般社団法人情報サービス産業協会（JISA）について 224

第 1 章

要求獲得をはじめよう

1.1　はじめに
1.2　要求獲得とは
1.3　要求とは
1.4　要求獲得プロセス
1.5　要求獲得の基礎
1.6　ステークホルダ分析
1.7　インタビューとワークショップ
1.8　ゴール分析
1.9　エンタープライズ分析
1.10　シナリオ分析
1.11　プロトタイピング
1.12　要求獲得と見積り

1.1　はじめに

　本章では，要求工学知識体系 (REBOK)[1] に基づいて，要求獲得の全体像を示す．特に，要求獲得のプロセスと主要な技術を解説する．

1.2　要求獲得とは

1.2.1　要求獲得は情報システム開発の源流

　図 1.1 に REBOK の要求工学プロセスを示す．ここで，要求獲得は，ステークホルダや様々な文書，情報などの要求の源泉から要求の要素を獲得するアクティビティである．要求獲得は要求開発，すなわち，要求定義のためのプロセスの最初のアクティビティである．要求定義は情報システムの開発プロセスの源流である．従って，要求獲得は，その成否が情報システム開発の成否を左右する重要なアクティビティといえる．しかし，要求獲得には後述するように多くのステークホルダが関与し，また，情報システムとその開発技術のみならず，企業や組織の事業や業務なども扱う必要があることから，多様な技術とスキルが求められる．このため，要求獲得には多様な技術とスキルを体系化して活用する戦略的なアプローチが必要である．このことから，要求工学のグローバルなコミュニティはこのアクティビティを獲得 (Elicitation) と名付けている．

　図 1.1 に示す要求工学プロセスは，ISO/IEC/IEEE 29148:2011 とその日本語版である JIS X0166:2014[2] で規定している「要求エンジニアリング」のプロセスと整合している．

1.2.2　要求工学の対象は広い意味でのシステム

　要求工学の対象は広い意味でのシステムである．ここで，システムは情報システムに留まらない．企業活動全体はエンタープライズシステム，あるいは，企業システムと呼ばれる．これを実現する情報システムが企業情報システムとなる．企業活動を遂行する業務部門の活動は，本来は業務システムと呼ぶべきであるが，簡略に業務とも呼ばれている．このため，こ

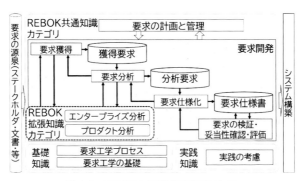

図 1.1　REBOK の要求工学プロセス

れを実現する情報システムも簡略に業務システムと呼ばれている．図 1.2
に示すように，一般に，すべてのシステムはインタフェースを介してそれ
を取り巻く環境と相互に働きかけを行う．

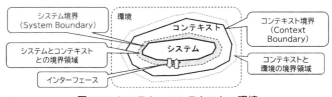

図 1.2　システム，コンテキスト，環境

　例えば，企業と顧客，情報システムとユーザである．システムと直接イ
ンタフェースをもち，相互に働きかけを行う範囲がコンテキストである．
従って，要求獲得ではコンテキストも考慮する必要がある．しかし，シス
テムとコンテキストとの境界，コンテキストと環境との境界は明確に定ま
らないことがあることに注意する必要がある．
　スマートフォンなどを利用するモバイルシステムやモバイルサービスで
は，移動に伴いコンテキストが位置や時刻により変化する．このようなコ
ンテキストの変化に即応する必要のあるシステムをコンテキストアウェア
システムと呼ぶ．あるシステムに対する要求の範囲をスコープと呼ぶ．要
求獲得で獲得された要求のいわば候補には，必ず実現すべき要求から，あ

17

れば良いといった要求など，様々な要求が含まれる．重複した要求や矛盾
する要求も含まれるため，要求分析以降のアクティビティで要求の構造化
や優先順位づけなどを行い，要求のスコープを適切に絞り込む必要があ
る．図 1.3 に要求定義における要求のスコープの絞り込みを示す．

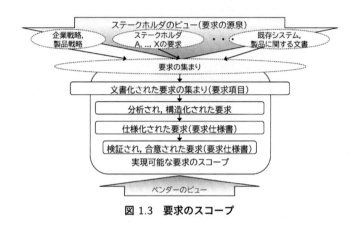

図 1.3　要求のスコープ

1.3　要求とは

要求は，図 1.4 に示す，次の 2 つに大別できる．

- 改善要求

  現行の企業システムから新企業システムを実現するための課題を解決
  する，要求である．一般に，企業システムを取り巻くステークホルダ
  の変化や提供する製品/サービスの価値向上，市場の変化，企業情報
  システムを実現する IT の変化などに対応するための要求となる．多
  くの企業情報システム開発では改善要求を一般に要求として，要求獲
  得の対象としている．また，近年，IT を企業システムの中核として
  企業システム全体のデジタル化を図るデジタルトランスフォーメー
  ション（Digital Transformation, 以下 DX と略す）も必要とされて
  いる．この場合，改善要求はデジタルトランスフォーメーションを実

現する要求となる.

- イノベーティブ要求
新たな顧客や市場の創出を通して新事業や新ビジネスモデルを創出する要求である. 近年, デジタルビジネスと呼ばれるように, 情報システムが事業創出の中核として活用されるようになり, それを実現するイノベーティブ要求の意義が高まりつつある. イノベーティブ要求の定義は, 不確定性が高く予測も困難である. そのため, 顧客や市場, 要求に関する仮説を設定し, プロトタイプや実用最小限の製品 (MVP:Minimum Viable Product) などを用いて顧客からのフィードバックにより仮説検証や見直しを繰り返して要求を獲得するアプローチが多い.

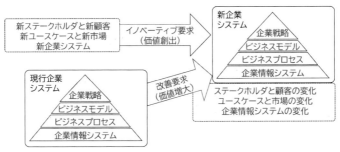

図 1.4 改善要求とイノベーティブ要求

1.3.1 現状システムから将来システムを実現する要求の 3 層構造

要求とは, 現状システム (As-Is とも呼ぶ) の課題を解決し, 顧客満足度や企業業績を向上できる将来システム (To-Be とも呼ぶ) を実現する手段である. このため, 要求は図 1.5 に示す 3 層で捉えられる.

19

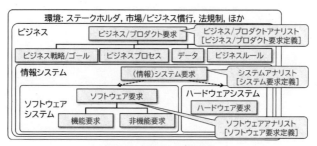

図 1.5　要求の 3 層構造

ここで，3 層は次のように定義する.

- ビジネス要求，あるいは，プロダクト要求
  事業構造の変更やそれに伴う業務プロセスの変更などを通して事業，業務を改善，あるいは，新事業を創出する要求である．ただし，対象がパッケージソフトウェアや組込み機器などの製品の場合，プロダクト要求と呼ぶ.
- 情報システム要求
  ビジネス要求，あるいは，プロダクト要求を実現する，ハードウェア，ソフトウェア，サービスに関する要求である.
- ソフトウェア要求
  情報システム要求の中で，ソフトウェアとサービスに関する要求である.

この 3 層構造は，要求を獲得すべき対象システムと規模に応じて，適切なスコープを定義する必要がある．例えば，小規模な事業の場合，複数の階層をまとめてスコープとすることもある.

　これらの要求定義を担う専門家として，それぞれ，ビジネスアナリスト／プロダクトアナリスト，システムアナリスト，ソフトウェアアナリストと呼ぶ．ソフトウェアアナリストの役割はシステムアナリストが兼務することが多いことから，企業情報システム開発では，ビジネスアナリストとシステムアナリストが用いられている．さらに，これらを総称して，要求アナリストと呼ぶ．要求アナリストはヨーロッパなどでは要求エンジニ

アとも呼ばれている.

1.3.2　機能要求と非機能要求

　要求を機能の観点から分類すると次の,機能要求と非機能要求に分けられる.

- 機能要求
  システムが果たすべき機能,システムの働き
- 非機能要求
  機能要求以外の要求,または,機能要求に対する品質要求と制約

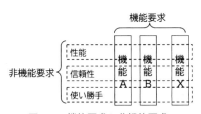

図 1.6　機能要求と非機能要求

　機能要求と非機能要求は図 1.6 に示すように直交 (Cross Cutting) している.機能要求はモジュールとしてまとまりが良く,これまでも要求獲得の対象となっている.非機能要求は,複数の機能にまたがっており,まとまりとすることが難しい.しかし,事業や業務の成果や情報システムの価値を決定する主要な要因であることから,要求獲得で機能要求と同様に,獲得することが必要である.

　特に,非機能要求の中で品質要求は情報システムの品質を規定する.品質要求は,開発する情報システムのアーキテクチャを決定する主要な要因である.このことからも,非機能要求の獲得は重要である.

　品質要求は,例えば,ISO/IEC 25010 とその日本語版である JIS X 25010 で規定されている [3].JIS X 25010 では,品質要求をシステム/ソフトウェア製品品質 (System/Software Product Quality),すなわち製品

品質と利用時の品質 (Quality in Use) に分けている．製品品質とは外部
品質と呼ばれていたもので，一般にソフトウェア品質は製品品質で規定さ
れる．しかし，近年，利用時の品質の重要性が高まっている状況にある．

　製品品質は，表 1.1 に示す 8 つの品質特性で定義され，各品質特性は，
さらに，具体的な品質副特性に分けられる．この中で，使用性はユーザビ
リティとも呼ばれる．

表 1.1　JIS X25010(ISO/IEC 25010) の製品品質特性

品質特性	品質副特性
機能適合性	機能完全性，機能正確性，機能適切性
性能効率性	時間効率性，資源効率性，容量満足性
互換性	共存性，相互運用性
使用性	適切度認識性，習得性，運用操作性，ユーザエラー防止性 ユーザインタフェース快美性，アクセシビリティ
信頼性	成熟性，可用性，障害許容性 (耐故障性)，回復性
セキュリティ	機密性，インテグリティ，否認防止性，責任追跡性，真正性
保守性	モジュール性，再利用性，解析性，修正性，試験性
移植性	適応性，設置性，置換性

　また，利用時の品質は，表 1.2 に示す 5 つの品質特性に分けられる．

表 1.2　JIS X25010(ISO/IEC 25010) の利用時の品質特性

品質特性	品質副特性
有効性	—
効率性	—
満足性	実用性，信用性，快感性，快適性
リスク回避性	経済リスク緩和性，健康・安全リスク緩和性，環境リスク緩和性
利用状況網羅性	利用状況完全性，柔軟性

　国内では，非機能要求のモデルとして非機能要求グレードが提案されて
いる [4]．また，制約には，運用制約や開発制約などのいわゆる制約に加
え，法令遵守 (コンプライアンス) も含まれる．

1.4 要求獲得プロセス

REBOK における要求獲得プロセス（[1]）を図 1.7 に示す．プロセス
の番号は REBOK の 3 章「要求獲得」の節番号である．各タスクの概要
を表 1.3 に示す．

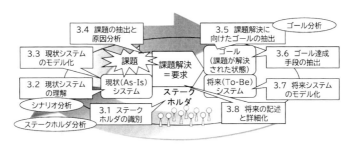

図 1.7 要求獲得の詳細プロセス

表 1.3 要求獲得の詳細プロセスの概要

詳細プロセス	内容
3.1 ステークホルダ の識別	ステークホルダ分析を行う． ステークホルダを特定し，利害関係を分析し， 結果をステークホルダマトリクスなどに表す． 特定のステークホルダを掘り下げて分析し， モデル化する方法としてペルソナ法がある．
3.2 現状システムの理解	対象システムの現状を明らかにする． ユーザ視点からシナリオを用いて対象システム を分析する方法をシナリオ分析と呼ぶ． Zachman フレームワークなどを用いた 企業の全体業務などの分析を エンタープライズ分析と呼ぶ．
3.3 現状システムの モデル化	現状システムを理解した結果を Zachman フレームワークやユーザ視点からのモデルである シナリオなどを用いてモデル化する． ユーザ体験 (UX: User eXperience) を対象と する場合は，カスタマージャーニーマップや

次ページに続く

表 1.3　要求獲得の詳細プロセス（続き）

詳細プロセス	内容
	ユーザストーリーマッピングなども用いられる.
3.4 課題の抽出と原因分析	現状システムのモデルに基づき,その課題を抽出し, 課題の原因を特定する.この方法として, インタビュー,要求ワークショップ,ブレインストーミング, KJ 法などがある.
3.5 課題解決に向けたゴールの抽出	ゴールとは将来システムのあるべき姿を状態として定義したものである. ゴールを抽出し,将来システムのあるべき姿を明らかにする.
3.6 ゴール達成手段の抽出	ゴールを実現する手段は将来システムが果たすべき要求となる.ゴールを詳細化し, 将来システムへの要求を明らかにする.ゴールの抽出し, 構造化することにより将来システムの要求を明らかにする一連のタスクをまとめてゴール分析と呼ぶ.
3.7 将来システムのモデル化	特定した要求から将来システムのモデル化を行う.
3.8 要求の記述と詳細化	特定した要求を記述し,必要であれば, 詳細化して,次の要求分析アクティビティへと渡す.

1.5　要求獲得の基礎技術

　要求獲得が適切に行えるために, 要求獲得のキーコンセプトを説明する.

1.5.1　システムへの俯瞰アプローチとユーザ視点アプローチ

　対象とする業務や情報システムなど, システムを捉えるアプローチには, 図 1.8 に示す俯瞰アプローチとユーザ視点アプローチがある.

- 俯瞰アプローチ：システムの全体像を捉えるアプローチである．システムとそのコンテキストの範囲を明らかにするアプローチである．このアプローチは獲得すべき要求のスコープを定義するために有用である．Zachman フレームワークや概念データモデリングは俯瞰アプローチで作成されるモデルである．

- ユーザ視点アプローチ：ユーザの視点から，システムが提供すべき機能やサービスを明らかにするアプローチである．このアプローチは，ユーザ経験などの要求を獲得するために有用である．ユースケースのシナリオやユーザストーリー，などはユーザ視点アプローチで作成されるモデルである．

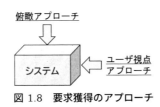

図 1.8　要求獲得のアプローチ

1.5.2　要求獲得のキーテクノロジー: ステークホルダ分析，ゴール分析，エンタープライズ分析，シナリオ分析

要求獲得のためのキーテクノロジーとして，図 1.9 に示す，次の 3 つの技術が重要である．

- ステークホルダ分析：システムに関与するステークホルダを特定し，その間の関係を明らかにする．これによって，ステークホルダの重要度や影響度などの，要求に対する立場を明らかにする．

- ゴール分析：ゴールとはシステムが達成すべき状態である．ゴールを特定し，それを分解し，詳細化することにより，ゴールを実現する手段を要求として特定する．

- エンタープライズ分析とシナリオ分析：対象システムを理解し，抽象化し，共通に理解できる形式で表現するための分析方法である．キー

コンセプトで説明したように，次の 2 つに大別できる．

・エンタープライズ分析：システム全体の構造を俯瞰的にモデル化する．例えば，Zachman フレームワークでは 5W1H とシステムの階層の 2 次元の表でシステム全体を俯瞰してモデル化する．

・シナリオ分析：ユーザから見たシステムとの関係や振る舞いなどをモデル化する．例えば，ユースケースシナリオ，ユーザストーリーなどにより，主に自然言語を用いてモデル化する．

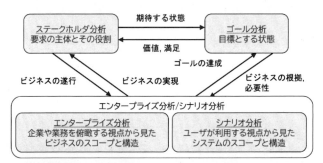

図 1.9　**要求獲得のキーテクノロジー: ステークホルダ，ゴール，エンタープライズ分析，シナリオ分析**

1.5.3　システムを捉える 3 つの視点: 機能，構造，挙動

　情報システム，企業システムを問わず，システムは一般に，次の 3 つの視点に分けてモデル化し，理解，分析できる．これは，3 次元の立体を 3 面に分けて 2 次元の図面で表現することに対応している．複雑なシステムを正確，かつ，人が見て理解できるように簡潔に表現するためには，3 つの視点に分けて表現する必要がある．

● 機能：システムの働き，果たす機能の視点である．機能は何らかの処理によって実現されることから，入力と出力をもち，それを介して，他の機能と連携する．俯瞰アプローチでは業務フロー図やデータフロー図で表現される．BPMN (Business Process Modeling Notation) は，UML のアクティビティ図に業務の意味づけを行い，

業務フローを表現する表現方法である．ユーザ視点アプローチでは UML のユースケース図で表現される．

- 構造：システムを構成する要素とその関係から成る，システムの構成の視点である．実世界の「モノ」「コト」はデータで表されることから，データを通してシステムを観るオブジェクト指向の視点である．ER 図 (実体関連図) で表される概念データモデリングや UML のクラス図で表現される．

- 挙動，あるいは，振る舞い：システムが機能を発揮するタイミングと順序で表されるシステムの実行の視点である．UML の状態マシン図やシーケンス図で表現される．

図 1.10 に示すように，ステークホルダの視点からの多様な要求をこの 3 つの視点へ分けることによって，システムの要求へとマッピングすることができることから，システムのモデルの中で扱えるようになる．

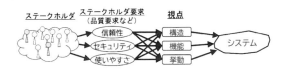

図 1.10　ステークホルダ要求をシステム要求へマッピングする 3 つの視点

1.5.4　要求の源泉と獲得技術

　要求獲得を適切に行うためには要求を獲得する元となる要求の源泉として何があるかを知る必要がある．加えて，要求の源泉の特性に適した獲得方法を適用する必要がある．表 1.4 に主な要求の源泉とそれに対する獲得方法をまとめて示す．

表 1.4　要求の源泉と獲得技術

要求の源泉	獲得技術
ステークホルダ	アンケート調査: ステークホルダの意図や要求に関する仮説を 設定し，それを確認したり，自由記述形式で 意見を明らかにする. インタビュー: アンケート調査では分かりにくいステークホルダ の意図や要求の背景を明らかにしたり，アンケート の結果を掘り下げるなど，要求の深堀りを行う. インタビューの質問を設計する方法として 構造化インタビューと半構造化インタビュー がある. ワークショップ: 複数のステークホルダが参画して， 複数の組織にまたがった要求の獲得や複数の 異なる 視点からブレインストーミングや アイデアソンなどにより新たな要求を発見する. 観察: ユーザの行動や業務の進め方を観察することにより， 現状の業務とその問題点を明らかにする. エスノグラフィーのアプローチの一つである.
現行の業務や 情報システム などの文書	文書分析: 現行の業務や情報システムの文書から 現行の業務や情報システムの仕様などを明らかにし， それに基づき問題点を明らかにする. リバースエンジニアリング: 現行の情報システムの仕様書などが散逸したり 改版されていない場合に，ソースコードなどから 仕様やそれを知る手がかりとなる情報を生成する.
現行の情報システム	ユーザインタフェース分析: 情報システムのユーザインタフェースを 介してユーザの操作を明らかにする.
ログなどのデータ	データ分析: 業務の遂行，ユーザの行動，情報システムの実行 などにより生成されるデータを分析し業務や 情報システムの現状や問題点を明らかにする. 業務に係るデータ分析をビジネスアナリティクス と呼ぶ.

1.6 ステークホルダ分析

　ステークホルダはビジネスや情報システムに関与する人または組織である．ユーザ，経営者，購買部門，プロジェクト管理者，開発者，様々な領域の専門家を総称する SME (Subject Matter Expert)，などである．

　ステークホルダ分析は，ステークホルダを特定し，理解するために，ステークホルダ間，およびステークホルダとシステムとの利害関係の度合いを分析する技術である．ステークホルダ分析では，まず，ステークホルダを特定する．次に，特定したステークホルダ間の関係を利害関係によって明らかにする．たとえば，対象システムと直接関与するステークホルダを一次ステークホルダとし，直接には関与しないステークホルダを二次ステークホルダと分類する方法がある．さらに，ステークホルダから見た，システム，および他のステークホルダとの利害の度合いを，影響度や重要度で評価する．

　ステークホルダの重要度とは，要求に関与する度合いの大きさである．一方，ステークホルダの影響度とは，要求に関する意思決定などにおける影響の大きさである．したがって，影響度はステークホルダの役割や職務などに依存する．たとえば，主たる対象として重視すべき顧客を主要顧客と呼び，その他の一般の顧客と区別することで影響の大きさを表す方法がある．このような影響度の大きなステークホルダは要求定義におけるキーパーソンといえる．

　ステークホルダ分析の結果は，図 1.11 に示すステークホルダマトリクスで表現するとステークホルダの位置づけが分かりやすい．ここで，右下の領域は，重要度は低いが影響度が大きいステークホルダを表す．このようなステークホルダは，影響度が低いことから見落とされがちであるので，注意する必要がある．特定のステークホルダ，あるいは，ターゲットユーザを深く理解するためのユーザモデルとしてペルソナ (Persona) がある．ステークホルダが網羅的なアプローチであることに対し，ペルソナは網羅性よりは，深く掘り下げるアプローチである．

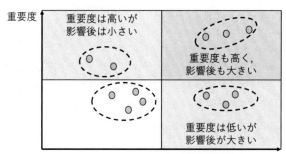

図 1.11　ステークホルダマトリクス

1.7　インタビューとワークショップ

　ステークホルダやペルソナから直接要求を獲得する主な方法としてインタビューとワークショップがある．いずれも，個人，または，グループと直接対話をしながら要求を獲得する方法であることから，技術に加えコミュニケーションスキルも求められる．そのためには，参画する個人やグループが要求アナリストに協力し，協調して問題発見などを遂行するようにできるファシリテーションが重要である．

1.7.1　インタビュー

　インタビューはステークホルダ個人から要求とそれに関連する情報を直接獲得する方法である．要求獲得のためのインタビューの目的は，獲得すべき要求の内容や性質によって表 1.5 に示すような方法がある．特定の製品などに対する反応を求めるためのインタビューの対象となる個人のグループを特にフォーカスグループと呼ぶ．

表 1.5　インタビューの内容と方法

方法	内容	アプローチ
構造化インタビュー: 決まった質問の組み合わせによる. 但し,意見などの自由回答も含む.	業務やタスクの 現状や課題	業務/タスク分析
半構造化インタビュー: 仮説などに基づきある程度 構造化された質問から, 回答に応じて質問を展開する.	課題に対する 仮説の確認	仮説検証
非構造化インタビュー: 質問よりは対話や共感を通して, ステークホルダのもつ期待や 価値観などを理解する.	新たな価値や 製品像	機会発見

1.7.2　ワークショップ

　ワークショップでは異なる組織に属したり,異なる利害や要求を持つ複数のステークホルダが集まって,協調して対象のスコープ定義や要求の発見などを行う.要求工学におけるワークショップを要求ワークショップとも呼ぶ.要求ワークショップは,例えば,図 1.12 に示す 3 つのレベルがある.

- スコープワークショップ:対象システムやそのコンテキストを明らかにし,要求のスコープを定める.
- 高レベルワークショップ:ビジネス要求レベルで複数の組織にまたがる業務やビジネスルールなどを明らかにする.

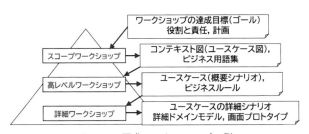

図 1.12　要求ワークショップの例

31

- 詳細ワークショップ：システム要求/ソフトウェア要求などのビジネス要求を実現する詳細要求を明らかにする．

1.8　ゴール分析

　ゴールとは，システムが満足すべき状態である．ゴールによっては，既にシステムがその状態になっている場合もある．このような場合は，その状態を維持していることが，ゴールとなる．ゴールは，ソフトゴールとハードゴールに分類される．ソフトゴールは戦略ゴールとも呼ばれ，企業の事業戦略などの抽象的なゴールである．したがって，ソフトゴールは達成度合いなどで定性的に評価される．例えば，「顧客満足度の向上」，「顧客が常時利用できる」，などである．これに対し，ハードゴールは，ソフトゴールを具体化した戦術ゴールであり，その状態を達成できたか否かによって定量的に評価できる．たとえば，「売上の1割増大」，「商品ごとに購入者のプロファイルが取得できる」などがある．ゴール分析はゴールを段階的に具体化，詳細化し，ゴール間の関係を明らかにすることである．この結果は，木構造のゴール木として表現される．

　一般に，最上位のトップゴールはソフトゴールとなる．ソフトゴールを詳細化すると，ソフトゴール，または，ハードゴールに分解できる．このようにして，最下層ではハードゴールを達成する手段をタスクとして特定できる．このタスクがゴールを実現する機能要求となる．要求獲得では，まずゴールを抽出し，ステークホルダとゴールを合意することが適切な要求定義への鍵となる．

　一方，ゴールは下位のタスクから見るとそのタスクがなぜ必要かを裏付ける理由または根拠 (Why) となる．抽出した要求がなぜ必要か，あるいは，どのゴールを達成するために必要かという理由を明確にできることから，要求の必要性を評価するためにも利用できる．したがって，まず，ゴールを合意することが適切な要求定義への鍵である．

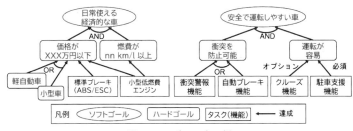

図 1.13　ゴール木の例

　図 1.13 に自動車のゴール木の例を 2 つ示す．日常，通勤や通学に利用する自動車では，経済性が重視される．一方，家族で遠出をしたり，郊外へ買い物に出かける用途では，運転を交代することもあったり，疲れたりする可能性がある．安全で運転しやすいことが重要となる．この 2 つのゴール木のトップゴールは特定のユーザ，すなわち，ステークホルダの視点から決定されている．一方，自動車メーカの視点からも，これらの顧客をターゲットとする車の開発には顧客の視点から，ゴールを明らかにする必要がある．さらに，メーカとしての視点から，これらのゴールを包含するより高位の戦略的ゴールを設定する必要もある．このように，ゴール分析によって，達成すべき目標を明らかにし，その実現手段を機能として導出できる．さらに，導出した機能が必要となる根拠も示すことができるので，要求獲得の合理性を高めることができる．

1.9　エンタープライズ分析

　エンタープライズ分析は，企業や組織などの事業や業務の全体的な構造を明らかにする．

- 企業全体の俯瞰的方法としての Zachman フレームワーク：エンタープライズ分析の方法として，5W1H と階層化の 2 次元のマトリクスを用いる Zachman フレームワークがある．表 1.6 に示すように，5W1H にエンタープライズにおける意味づけを行い，What(データ)，

How(機能), Where(アーキテクチャ), Who(人と組織), When(タイミング), Why(ゴール) とする．これに対して，5 階層で段階的に詳細化する．Zachman フレームワークを発展させたものがエンタープライズアーキテクチャ (EA: Enterprise Architecture) である．

- 概念レベルでの俯瞰的方法である概念データモデリング：企業における活動を俯瞰する方法として，機能の視点と構造の視点がある．機能の視点では業務フローなどのプロセスフローを用いる．構造の視点では，概念データモデリングの ER 図や UML のクラス図を用いる．この 2 つの視点によるモデルは互いに補完する関係にある．

表 1.6　Zachman フレームワーク

	What データ	How 機能	Where アーキテクチャ	Who 人と組織	When タイミング	Why ゴール
スコープ/コンテキスト	ビジネスエンティティ	機能（プロセス）	地理的位置（配置）	組織図，職務記述	イベントリスト	ビジネス戦略/ゴール
企業モデル/概念モデル	実態関連(ER)モデル	プロセスフロー	ロジスティックネットワーク	組織図	イベントモデル（工程表）	ビジネス計画/ゴール木
システムモデル/論理モデル	データモデル	データフロー図(DFD)	分散システムアーキテクチャ	職務関連図(WBS)	イベント図	ゴール木/ゴール図
技術/物理モデル	データモデル設計	木構造図	システムアーキテクチャ	職務仕様	イベント仕様	ゴール木/ルール仕様
詳細/サブコンストラクタ	データの詳細定義	プログラム（関数など）	ネットワークアーキテクチャ	職務明細書/作業指示書	イベント詳細	ルール詳細

1.10　ユーザの視点から要求を明確にするシナリオ分析

シナリオは，ユーザがシステムを使用する具体的な手順の時系列に沿った記述である．ユーザとプロダクトやシステムとのインタラクションをシナリオで記述することによって，ユーザ経験 (UX) やユーザビリティ (使用性) などを明確にすることもできる．

シナリオの表現には一般に自然言語を用いる．この他，ストーリーボード，ビデオ，アニメーション，プロトタイプなども使われる．自然言語で記述されたシナリオは，修正や詳述が容易であるが，曖昧さなどが入るリ

スクもある．ユーザストーリー，あるいは，単に，ストーリーとは，ユーザがプロダクトやシステムに対して期待している価値やユーザ経験を記述したものである．一般に，シナリオより記述内容は広く，システムのコンテキストや挙動，因果関係など，多様な情報を記述することができる．ユーザストーリーの具体例であるカスタマージャーニーマップやユーザストーリーマッピングはユーザ経験を視覚的，かつ，具体的に表現する方法として利用されている．

　一方，ユーザ操作に伴う安全性やセキュリティなどを保証するための要求獲得では，起きてはならないことを要求として特定する必要がある．このような要求は，そのままシナリオとして記述できない．そのため，ユースケースに対して，ミスユースケースと呼ぶ，起きてはならない機能を定義し，それを防ぐ機能を新たに機能として特定するミスユースケース分析が有効である．図 1.14 は自動車の盗難を防止するミスユースケース図を示す．盗難防止というセキュリティに関する非機能要求を実現するために，盗難防止の機能要求を特定する必要がある．このように，非機能要求の特定には，それを実現する機能要求を特定することもある．

図 1.14　ミスユースケース図

1.11　プロトタイピング

　獲得した要求をステークホルダ間で共通に理解するためには，適切な表現を行う必要がある．特に，ユーザの操作を伴うユーザインタフェースはユーザ経験などの要求は文書による記述では理解しにくい．このため，プロトタイピングを行い，視覚化や操作可能として，理解を促すことができ

る．プロトタイピングのアプローチは表 1.7 に示すように，次の 2 つに分類できる．

- 水平プロトタイプ：画面とその遷移などの主としてユーザインタフェースを目で見て確認するためのプロトタイプである．主としてペーパプロトタイプと呼ぶ，プレゼンテーションなどを用いたプロトタイプが用いられる．
- 垂直プロトタイプ：ソフトウェアの機能などを確認するプロトタイプである．ある範囲の機能をプロトタイピングツールなどで実装するソフトウェアプロトタイプが用いられる．

表 1.7　プロトタイピングのアプローチ

プロトタイプの分類		プロトタイプ開発/利用方針	
確認対象と手段	実現手段	進化型	使い捨て型
水平プロトタイプ（目で見て確認）	ペーパプロトタイプ	−	○
	ソフトウェアプロトタイプ	○	○
垂直プロトタイプ（操作して確認）	ペーパプロトタイプ	−	○
	ソフトウェアプロトタイプ	○	○

　さらに，プロトタイプを開発/利用する方針として，進化型と使い捨て型がある．使い捨て型では要求確認後，プロトタイプを廃棄し，別途，情報システムを開発する．それに対して，進化型は，プロトタイプを進化させて本番システムとして利用する．

1.12　要求管理と見積り

　要求獲得を起点とする要求開発と共に要求管理も要求工学の重要な技術である．

1.12.1　上流からの要求管理

　図 1.1 に示すように，要求管理は要求開発と並行して進めるべきプロセスであるが，要求開発の計画などは要求開発に先立って行う必要がある．さらに，プロジェクト管理プロセスと要求工学プロセスの関係を位置付けておく必要もある．プロジェクト管理の対象はプロジェクトのプロセスとその入出力となる成果物，ならびに，プロジェクトを遂行するための人材や時間などの資源である．要求管理の対象も，要求開発を遂行する要求工学プロセスとその入出力となる成果物，ならびに，要求開発を遂行するための人材や時間などの資源である．したがって，図 1.15 に示すように，要求管理とプロジェクト管理は相互に補完する関係にある．

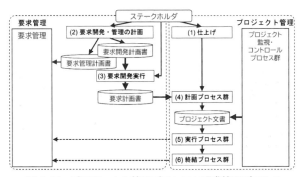

図 1.15　プロジェクト管理プロセスと要求管理プロセス

図 1.15 に示すように要求管理は次の 3 段階で捉えることができる．

- 要求開発・管理の計画：要求開発・計画を遂行するための開発とその管理方法，資源と成果物などを決定し，要求開発・管理の遂行の計画を立案する．特に，大規模プロジェクトでは要求開発それ自体が一つのプロジェクトとなるので，要求開発の開始に先立って計画を立案する必要がある．
- 要求開発実行：図 1.1 に示す要求開発プロセスを実行する．そこで獲得された要求の記述から要求仕様書に至る文書や開発遂行のスケジュールなどを管理する．

- 要求変更管理：要求開発で作成された要求仕様書など文書を開発の進行に応じて変更を管理する．さらに，開発後にも業務や情報システムの変更要求に応じてその変更を管理する．

1.12.2　要求文書の管理

　要求仕様書などの要求文書は情報システム開発における最も重要な文書であると共に，その変更は後工程に大きな影響を及ぼす．要求文書を管理する仕組みを確立することが，要求管理の基礎となる．要求文書の管理には次のような技術が必要である．

- 要求属性の定義：要求文書管理のために要求文書に付加する情報を要求属性と呼ぶ．要求開発・管理の計画において，要求属性を定める必要がある．要求属性は次のような情報を含む．
  - ・基本属性：識別情報 (ID)，作成者，日時，要求の源泉など
  - ・要求内容に関する属性：重要度，緊急度，コスト見積り，制約条件など
  - ・要求の状態を示す属性：要求の状態 (提案，承認，検証済み，など)，優先順位，リスクなど
  - ・要求の関連：トレーサビリティ，要求間の依存関係など
- 要求文書の構成管理と変更管理：
  - ・構成定義：　要求文書中で管理すべき項目を管理項目として定義する．さらに，管理項目とその間の関係を明らかにし，要求文書の構成を定義する．
  - ・変更影響分析と変更管理：　要求文書の管理項目の変更に対して，その変更影響の伝搬をたどって影響範囲を特定する変更影響分析を行う．影響範囲内の管理文書を含めて変更管理を行い，管理項目の変更漏れを防ぐ．
  - ・変更の検証：レビューなどによって，変更の正しさを確認する．

1.12.3　要求スコープの管理

　要求スコープとは盛り込むべき要求の範囲である．一般に，ステークホ

ルダは要求を意識しなかったり，表明しないこともあることから，その境界を特定することは困難である．要求のスコープを適切に管理しないと，要求仕様書にスコープを超えた過大な要求が盛り込まれることになる．これをスコープクリープと呼び，開発が破たんする原因となる．

スコープは適切に分けて管理する．まず，ビジネス/プロダクト要求，システム要求，ソフトウェア要求の3段階のスコープに分け，段階的に管理することが基本となる．個別の要求に対してはゴールに基づいて要求の必要性を視覚化し，評価，優先順位づけする．さらに，システムの障害や災害などの例外事象に対する検討範囲とそのリスク，リスクに応じた事業継続計画 (BCP: Business Continuity Planning) などの検討項目を考慮する必要がある．

1.12.4 要求トレース管理

要求トレース管理とは，個々の要求の源泉からソフトウェアとしての実装までを記録し，その間の関係を明らかにすることである．トレース可能である性質をトレーサビリティと呼ぶ．図 1.16 に示すように，トレーサビリティには要求の源泉から実装に向かう前方トレーサビリティと，実装から要求の源泉に向かう後方トレーサビリティがある．

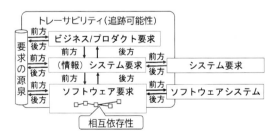

図 1.16 要求トレーサビリティ

要求がトレース可能となるためには，要求仕様化，ならびに，ベースライン登録にあたって，要求トレースのための関係づけを要求属性として設定する必要がある．トレース情報は，要求開発プロセス，ソフトウェア開

発プロセスに沿って，維持管理できる必要がある．これは人手では困難で
あるので，一般に要求トレースを支援する要求管理ツールが適用されてい
る．例えば，要求トレースを表現する簡易な方法として，要求トレーサビ
リティマトリクス (RTM: Requirements Traceability Matrix) が用いら
れている．ソフトウェアの不具合が人命に影響を及ぼす可能性のある組込
みシステムでは，近年，機能安全性の実現が求められている．この中で要
求トレーサビリティは重要な管理技術となっている．例えば，自動車では
機能安全規格 ISO26262 が 2011 年に制定され，要求トレーサビリティの
確保が求められている．

1.12.5　要求に基づく見積り 要求に基づく見積り

　要求定義工程の様々な段階で見積りが必要となることがある．特に，要
求定義を終えた段階では，以降のシステム開発のスコープや可否の判断な
どの意思決定に見積りは不可欠である．

参考文献

[1] 一般社団法人情報サービス産業協会 REBOK 企画 WG, 要求工学知識体系, 近
　　代科学社, 2011.

[2] JIS X0166:2021 (ISO/IEC/IEEE 29148:2018), システム及びソフトウェア技
　　術 ライフサイクルプロセス 要求エンジニアリング, 日本規格協会, 2021.

[3] JIS X 25010: 2013 システム及びソフトウェア製品の品質要求及び評価
　　(SQuaRE) システム及びソフトウェア品質モデル, 日本規格協会, 2013.

[4] IPA ソフトウェアエンジニアリングセンター, 非機能要求グレード利用ガイ
　　ド [利用編][解説編], 2010, http://www.ipa.go.jp/sec/softwareengineering/
　　reports/20100416.html

第2章
ステークホルダ分析

2.1　はじめに

2.2　まず誰に要求を聞くべきかを決める

2.3　要求をヒアリングするステークホルダを漏れなく洗い出す

2.4　要求の優先度決定に影響を与えるキーパーソンを見つける

2.5　ちゃぶ台返しを防止するためステークホルダ間の関係をさらに詳細に捉える

2.1　はじめに

　要求獲得において，要求の源泉となるステークホルダを特定することは，要求獲得の出発点として重要である．そのために，開発対象となるシステムの発注者，利用者，開発者を含め，ステークホルダを洗い出し，ヒアリングすべきステークホルダを合理的に決定することが重要である．開発途上でヒアリングしていなかったステークホルダからの指摘により，要求変更が発生すると，開発の手戻りコストが発生するリスクがあるため，漏れなくステークホルダを洗い出すことが必要である．

　ところで，要求の重要度はステークホルダごとに異なるケースがある．ある要求の優先度に対して最重要であると主張するステークホルダが，必ずしもステークホルダ間での影響力が高いとは限らない．要求に対する影響度や重要度を詳細に捉えないまま要求の優先度を決定すると，ステークホルダ間での対立により，当該要求を開発範囲に入れるかどうかの議論に発展するリスクが高まる．当該要求の優先度を決定する権限を備えたステークホルダを特定し，その優先度に対する根拠を明らかにし，ステークホルダ間で合意をすることが重要である．

　以降，本章では，ステークホルダを分析するための 4 つのパターンをとりあげる．1 つ目の「まず誰に要求を聞くべきか」パターンでは，ベースラインとするステークホルダの洗い出しの考え方を述べる．「漏れなくステークホルダを洗い出す」パターンでは，要求分析者が直接接触しているステークホルダに加えて，多角的かつ効率的にステークホルダを抽出する方法について紹介する．続いて，「要求ごとにその要求の優先度を決定する際に考慮すべきキーパーソンを見つける」パターンにおいては，要求に対する重要度とステークホルダの影響度を簡便に可視化する方法について述べる．最後の「ちゃぶ台返しを防止するためステークホルダ間の関係をさらに詳細に捉える」パターンでは，影響度の高いステークホルダにより要求の優先度が突発的に変更され，開発の手戻りが発生しないように，要求とステークホルダ間の関係を詳細に捉えるための方法について述べる．

2.2　まず誰に要求を聞くべきかを決める

2.2.1　背景

　要求アナリストが，新規システムの要求定義において発注者側から具体的な要求をヒアリングしようとしている．

2.2.2　課題

　要求アナリストはステークホルダを洗い出すための着手の方法が分かっていない．そのため，要求アナリストは要求のヒアリングを開始できていない．そもそも，要求アナリストは，ステークホルダを抽出するための観点が分かっていない．

2.2.3　解決策

　発注者，開発者，利用者，連携する他システムを出発点として，ステークホルダ抽出を開始する．これらをベースラインステークホルダと呼ぶ[1]．図 2.1 に，例えば開発対象となる業務システムと，発注者，開発者，利用者，連携する他システムの関係の一例を示す．

　開発者側の視点から，業務システムの発注者は 1 つの組織として捉えがちである．発注者内において，システムへの投資の意思決定をする経営部

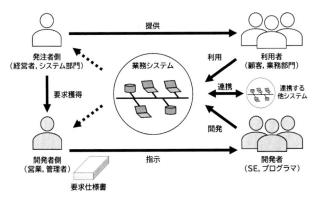

図 2.1　発注者，開発者，利用者，連携する他システムを出発点としたステークホルダ抽出

門と，実際に業務でシステムを利用する部門では，システム導入により達成したい目的が異なるため，それぞれを別のステークホルダとして捉えることが必要である．また，現状の組織では，すでに様々な IT 化が進行していることが一般的であり，新規システム開発の場合には，既存システムとの関係性や連携の必要性を考慮することが重要である．

あらかじめ，発注者，利用者，開発者，他システムの観点からステークホルダ抽出を開始すると決めておけば，身近なステークホルダのみから要求を抽出することによる，要求の抽出漏れの防止に効果的である．

発注者，利用者，開発者，他システムの観点からステークホルダの洗い出しを開始しても，第三者的な分析者では限界がある．様々な立場の関係者に，ステークホルダ図を提示し，抽出状況を共有しながら，ステークホルダを漏れなく洗い出すことが重要である．

2.2.4　適用例

家事代行サービス要員自動配置システムの要求分析をとりあげる．一般的には，発注者，開発者，利用者，他システムの観点からステークホルダの抽出を開始する．

発注者，開発者を出発点として，ミーティングの参加者や，実際の組織の指示系統などを反映させて，ステークホルダを抽出する．例えば，プロジェクトのキックオフミーティングで経営者側として紹介されたシステム統括経営者や，所属する組織の指示系統を反映させた，開発者（管理者側）と，開発者（設計／プログラマ）を列挙する．

また，システムの利用者としては，業務の内容を関係者にヒアリングするなどして，関係者を洗い出す．家事代行業務の運用については，家事代行スタッフ，店舗オペレータ，店舗マネージャなどが考えられる．システム導入の目的には，紙でのスケジュール管理をシステムで一元化することによる業務の効率化とサービス拡大が含まれる．よって，実際の利用者は，システムを用いた業務運用に利便性を感じることが必至であり，実際に利用する様々なスタッフをステークホルダとして定義することが重要である．

加えて，業務システムでは，マスタや設定のメンテナンスなどのために

運用担当者を置くことが一般的であり，システム運用担当者も，利用者側のステークホルダとして洗い出す．既に家事代行サービスを利用している顧客の管理システムを導入済みであり，新規システムでも，同システムとの連携が必要な場合，他システムとして，顧客管理システムをステークホルダとして洗い出す．

図2.2に家事代行サービス要員自動配置システムと，洗い出したステークホルダの関係を示す．

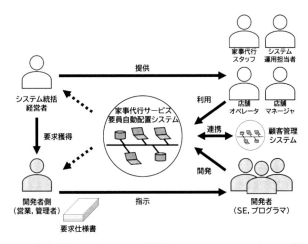

図 2.2　家事代行サービス要員自動配置システムのステークホルダ抽出

2.3　要求をヒアリングするステークホルダを漏れなく洗い出す

2.3.1　背景

要求アナリストが，新規システムの要求定義において，発注者側から具体的な要求をヒアリングしようとしている．要求アナリストは，ベースラインステークホルダとして，発注者，開発者，利用者，連携する他システムを洗い出した．

2.3.2　課題

　要求アナリストは，新規システムへの要求のヒアリングにおいて，ベースラインステークホルダとして洗い出した発注者，利用者，開発者などのプロジェクトのキーパーソンにヒアリングするだけでは，不十分であると考えている．要求アナリストは，洗い出したベースラインステークホルダは，様々な人や組織と連携しており，そのような人や組織から影響を受けて，新規システムへの要求が変わることを避けるべきであると思っている．しかし，要求アナリストは，ベースラインステークホルダを取り巻く人や組織を，合理的に抽出する方法が分かっていない．

2.3.3　解決策

　はじめに洗い出した発注者，開発者，利用者などのステークホルダをベースラインステークホルダとし，これを基点として，関連するステークホルダを洗い出していくステークホルダの識別により，ヒアリング対象のステークホルダを特定する．ステークホルダの種類としては，ステークホルダ間の相互作用の関係を全方位（提供，受領，提供と受領）から当てはめ，次の 4 種類のステークホルダを洗い出す．図 2.3 にステークホルダ間の関係を示す．ここでのステークホルダ分析は Sharp らにより考案された手法に基づいて解説している [1, 2]．

- ベースライン：当該システムと直接の利害関係のあるステークホルダ
- サプライヤ：ベースラインに情報を提供し仕事を支援するステークホルダ
- クライアント：ベースラインの製品を処理し検査するステークホルダ
- サテライト：ベースラインと様々な方法で相互作用するステークホルダ

なお，相互作用には，通信やガイドラインの読み込みや情報の探索を含む．

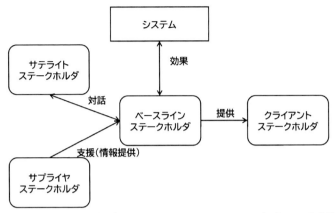

図 2.3　ステークホルダ分析：ベースラインステークホルダに加えて全方位か
らステークホルダを抽出

　ベースラインステークホルダを基点とした，サテライトステークホル
ダ，サプライヤステークホルダ，クライアントステークホルダからなる 4
つのステークホルダの分類は，ステークホルダを洗い出すための思考のフ
レームワークと捉えることができる．この考え方を用いれば，発注者側企
業の顧客や，企業内の法務部門にまで範囲をカバーして，漏れなく重複な
くステークホルダを洗い出すことが期待できる．また，洗い出したステー
クホルダ間の関係を示したステークホルダ図の作成は，多大なコストや長
期間に及ぶ分析期間を必要とせず，合理的に関連するステークホルダを洗
い出すことに効果的であると思われる．
　全方位に見渡してステークホルダを洗い出したとしても，第三者的な分
析者では限界がある．様々な立場の関係者に，ステークホルダ図を提示
し，抽出状況を共有しながら，ステークホルダを漏れなく洗い出すことが
重要である．

2.3.4　適用例

　家事代行サービス要員自動配置システムのベースラインステークホルダ
として，図 2.2 のようにステークホルダを洗い出した．洗い出したベース
ラインステークホルダをまとめると図 2.4 のようになる．図 2.4 では，利

用者，発注者，開発者からなるシステムに直接利害関係のある人や組織に加え，当該システムと連携する他システムとして，顧客管理システムを抽出したことを示している．

ベースラインステークホルダ

No.	分類	ステークホルダ名
1	利用者	家事代行スタッフ
2	利用者	店舗オペレータ
3	利用者	店舗マネージャ
4	利用者	システム運用担当
5	発注者	システム統括経営者
6	連携する他システム	顧客管理システム
7	開発者	開発管理者
8	開発者	設計者/プログラマ

図 2.4　家事代行サービス要員自動配置システムのベースラインステークホルダ

発注者側の組織構造の例を図 2.5 に示す．図 2.5 に示すように，発注者側組織は，経営部門が全体を統括し，研究開発，ホームケア製品製造販売部門，家事代行サービス事業部門，北海道支社で構成する．本社経営部門には，人事・経理などのスタッフ部門や，知財法務を扱う法務部門がある．

家事代行サービス要員自動配置システムは，家事代行サービス事業部門が運用するとしている．家事代行サービスの業務の内容や今後の計画が検討されている場合には，北海道支社，ホームケア製品製造販売部門，人事給与部門，連携予定の人事給与システムをサテライトステークホルダとして定義する．

- ホームケア製品製造販売部門が製造販売している洗剤などのホームケア製品を利用している．
- 発注者側組織全体としては，この新システムの導入が成功すれば，北海道支社に展開する計画がある．
- 新システムを，人事・給与システムと連動させて，事務処理の IT 化を加速する計画もある．
- ベースラインステークホルダとしては，本社部門や他の事業部門からの要望や相談を受けて業務を行う．

　従業員の配置やローテーションにおいては，総労働時間の制限や休憩時間に関する配慮などの労働条件が法律や社内規定などに準拠しているかどうかに気を付ける必要がある．そこで，サプライヤステークホルダとして法務部門を洗い出す．加えて，家事代行サービス要員自動配置システムを用いて，発注者側の本業である家事代行サービスの品質などにどれぐらい貢献できるのかを明らかにするために，家事代行サービスの利用者をクライアントステークホルダとして抽出する．以上のように，ベースラインステークホルダを基点として，相互に影響関係にあるステークホルダを洗い出した結果を，図 2.6 に示す．

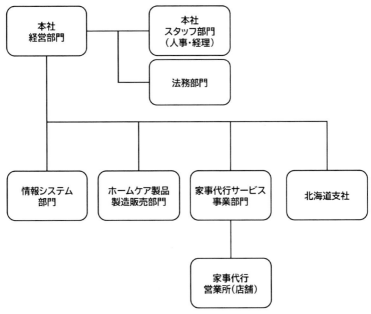

図 2.5　発注者側の組織構造

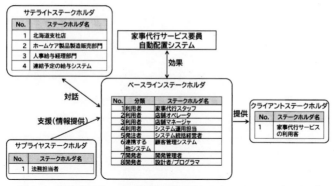

図 2.6　家事代行サービス要員自動配置システムのステークホルダ

2.4　要求の優先度決定に影響を与えるキーパーソンを見つける

2.4.1　背景

　要求アナリストが，新規システムの要求定義のために，ステークホルダから要求をヒアリングした．限られた開発予算と開発期間の条件下では，抽出した複数の要求から，実現する要求を絞り込む必要がある．

2.4.2　課題

　ステークホルダからヒアリングした要求は，ステークホルダの違いによって優先度が異なるケースがある．しかし，要求アナリストは，ステークホルダごとの要求に対する優先度の違いを，合理的に把握する方法が分からず，要求の優先度決定のための個々の要求の検討に着手できずにいる．要求アナリストは，ある要求に対するステークホルダの重要度と，そのステークホルダによる当該要求に対する影響度（その要求への実行権限）を把握している．要求アナリストは，あるステークホルダがある要求の重要度が高いことを強く主張したからといって，そのステークホルダの要求に対する影響度（その要求への実行権限）が高いとは限らないことを認識している．よって，ある要求に対する各ステークホルダによる重要度

と，当該ステークホルダの影響度を考慮して，各要求の実行を決定する必要がある．しかし，要求アナリストには，ステークホルダと要求間の関係の可視化方法が分かっていない．

2.4.3 解決策

ステークホルダマトリクスを用いて，ステークホルダと要求の利害関係の度合いを影響度と重要度により評価し可視化する [3]．図 2.7 は，要求「事務業務 X をシステム化し自動処理をしたい」という要求に対する，ステークホルダの A とステークホルダの B の間の重要度と影響度の考え方を示している．

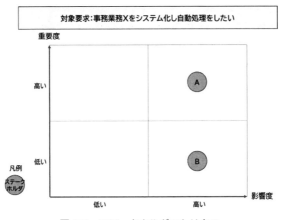

図 2.7 ステークホルダマトリクス

ここで，影響度とは，その要求を開発の範囲とするかどうかの意思決定に対する決定力や発言力など，あるステークホルダが及ぼす影響の大きさとする．重要度とは，定義される要求の必要性の度合いとする．本手法では，ベースライン，サテライト，サプライヤ，クライアントの観点で洗い出したステークホルダに対して，主な要求ごとに，影響度と重要度の観点で，ステークホルダ間の関係を分析する．ステークホルダごとの影響度と重要度の特性に対する位置づけを，ステークホルダマトリクスを用いて可

視化し，関係者によるレビュー，合意形成，知識継承に用いる．影響度と重要度は，それぞれ，高い／低い，の二値を設定する．図 2.6 によれば，ここでは，A は，B よりも本要求への影響度は高く，A の本要求に対する重要度は高いとしていることが分かる．こうした状況にあることを，本マトリクスを用いて可視化／共有し，関係者レビューや合意形成に用いる．

　影響度と重要度の 2 つの観点から，ステークホルダの要求への発言力や決定力，その要求への必要性の度合いが，分かりやすい図により表現される．当該図を用いることで，ステークホルダ間の状況が把握しやすくなる．よって，安易に影響度の高いステークホルダの意見を優先させ，要求の優先度を定義することで，本当に必要な要求が漏れることの防止に有効であると考えられる．

　要求の重要度は各ステークホルダにヒアリングすることで考え方を調査できるが，影響度については，各ステークホルダへの思いではなく，例えば，複数のステークホルダから，影響度をヒアリングすることで設定すると一定の評価ができると考えられる．なお，全てのステークホルダに関して調査分析ができない場合には，ステークホルダマトリクス上に，分析が終わっていないステークホルダを明示するなどして，曖昧な優先度づけをしないように注意する必要がある．

2.4.4　適用例

　家事代行サービス要員自動配置システムに対する要求定義において，ステークホルダから要求をヒアリングし，次のようなことが明らかになったとする．

- 最初のリリースでの利用者である家事代行サービス事業部門の営業所の店舗マネージャは，IT に精通しており，要員配置の管理や連絡は基本的に PC を用いて対応している．
- 店舗マネージャは，スマートフォンのアプリによる，家事代行サービス要員自動配置のサービス提供は不要であると考えている．
- 家事代行スタッフ，店舗オペレータ，家事代行サービスの利用客の声としては，スマートフォンによるアプリ提供がなされると，気軽に家

　　　事代行サービスが利用できること，スタッフ側からは，自身のスマー
　　トフォンから家事代行サービスの要員配置状況を確認できるため利便
　　性が高いと感じている．
- 本システムを展開予定の北海道支社からも，スマートフォンのアプリ
　　提供が強く求められている．

　このような現状をステークホルダマトリクスに表現したものを図2.8に
示す．図2.8によれば，ステークホルダにより本要求の優先度が，ばらつ
いていることを確認することができる．例えば，図2.8の左上の象限は，
家事代行スタッフ，店舗オペレータ，利用客，北海道支社（図2.8のA,
B，α，V）からなるステークホルダは，本要求への影響度は弱い状況で，
スマートフォンアプリによるサービス提供への要求の優先度を高く設定
している．一方，図2.8の左下の象限は，本要求へ影響度が低い，店舗マ
ネージャを含むC, D, E, F, I, J, Zのステークホルダらが，本要求の
優先度を低く設定していることが把握できる．
　また，図2.8の右下の象限には，システム統括経営者Gを含む，H, X,
Y, Wの本要求への影響度の高いステークホルダが，本要求の優先度を低
く設定している．このような状況の場合，当要求への影響度の高いステー
クホルダが，本要求の優先度を低いとしていることから，当該要求を開発
範囲外に決定する傾向が強いと考えられる．しかし，本ステークホルダマ

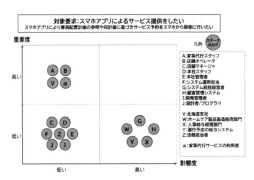

図 2.8　ステークホルダマトリクスによってステークホルダの要求への影響度
　　　　と優先度を把握する

トリクスを用いて，エンドユーザ側である家事代行スタッフ，店舗オペレータ，利用客，北海道支社経営部門らが，本要求を必要としている度合いが強いことも認識できるため，本要求の優先度については，さらにヒアリングや分析を行うことにした．このようにすることで，安易に影響度の高いステークホルダの意見を優先させ，要求の優先度を定義することで，本当に必要な要求が漏れることを防止することが期待できる．

2.5　ちゃぶ台返しを防止するためステークホルダ間の関係をさらに詳細に捉える

2.5.1　背景

要求アナリストが，ステークホルダマトリクスを用いて，影響度と重要度による要求の評価をしようとしている．要求アナリストは，一度決定した優先度を再定義する手戻りが発生しないように，影響度を意識すべきであると考えている．

2.5.2　課題

現状，影響度と重要度をどのように表現すべきか決定されていない．影響度と重要度の決定において，特段の指標を設けずに，「高い」または「低い」という二値を設定し，要求アナリストがどちらかに分類する方法では，複数のステークホルダのさまざまな考え方を反映させることが困難である．

2.5.3　解決策

影響度，優先度の値を，-5～+5 までの 10 段階に詳細化し，ステークホルダマトリクス上での配置を決める [3]．10 段階の値の考え方を表 2.1 に示す．

表 2.1 影響度と重要度の考え方

値	影響度	重要度
+5	意思決定の最終決定権あり	当該要求は絶対に必要
+4	意思決定者の一人	当該要求は必要
+3	意思決定者への発言力あり	当該要求はほぼ必要
+2	意思決定者が意見を重視する	当該要求はある方が良い
+1	意思決定者が意見を考慮することがある	当該要求はある方が良いがなくても良い
-1	意思決定者が意見を考慮することはほぼない	当該要求の要／不要に関心なし
-2	意思決定者が意見を考慮することはない	当該要求の存在を認識していない
-3	意思決定者はその存在をほぼ考慮しない	当該要求はほぼ不要
-4	意思決定者はその存在を考慮しない	当該要求は不要
-5	意思決定者はその存在を全く考慮しない	当該要求は絶対に不要

　重要度，影響度の値を二値（高い／低い）に分類していたことに対して，それぞれをさらに5段階ずつ刻んだ度合いを設定すると，値の決定にコストもそれほど掛からず，適度な抽象度で状況を表現することが可能である．

　各ステークホルダによる対象要求への優先度や影響度の分析において，それぞれのステークホルダへのヒアリングに加えて，関係者間での合議により，優先度や影響度の各値を決定する．なお，要求の評価に関しては，緊急度，コスト，価値などが考えられ，こうした指標についても必要に応じて検討する必要がある．

2.5.4　適用例

　家事代行サービス要員自動配置システムに対する要求定義において，ステークホルダから要求をヒアリングし，「家事代行サービス要員自動配置システムのサービスをスマホアプリで提供する」要求に対して，家事代行スタッフ，店舗オペレータ，利用客，北海道支社の考える重要度と，店舗マネージャ，システム統括経営者などの要求の重要度が対立していることが明らかになったとする．家事代行スタッフ，店舗オペレータ，利用客，北海道支社，店舗マネージャ，システム統括経営者らの，要求の重要度と，要求に対する影響度は，単純な二値で分類しただけでは，違いが把握しにくいので，重要度，影響度をそれぞれ10段階に設定して，各ステークホルダの考えを数値化して表すことにする．

　他システムの重要度と，当該要求が追加されることによるインパクトに

ついて，システムの関係者にヒアリングした結果（値）を表2.2に示す．また，ヒアリングした結果をステークホルダマトリクスにマッピングした例を図2.9に示す．

　表2.2から分かる通り，システム統括経営者としては，当該要求の開発には，従来通りのPC向けの機能提供に加えて，別途開発コストが必要となることから，優先度を低く設定している．影響度の高いシステム統括経営者にヒアリングして．さらに各ステークホルダの影響度を決め，要求に対する重要度は，各ステークホルダにヒアリングして決定する．

表2.2　家事代行サービス要員自動配置システムにおける「スマホアプリによるサービス提供」要求に対するステークホルダ別の重要度と影響度例

識別子	ステークホルダ	重要度	影響度
A	家事代行スタッフ	5	-5
B	店舗オペレータ	5	-5
C	店舗マネージャ	-5	+2
D	本社スタッフ	-3	-3
E	本社管理者	-3	-3
F	システム運用担当	-3	-3
G	システム統括経営者	-1	+5
H	顧客管理システム	-1	-1
I	開発管理者	-1	-1
J	設計者/プログラマ	-1	-1
V	北海道支社	5	-1
W	ホームケア製品製造販売部門	-1	+1
X	人事給与経理部門	-1	+1
Y	運行予定の経理システム	-1	+1
Z	法務担当者	-1	-3
α	家事代行サービスの利用者	4	-5

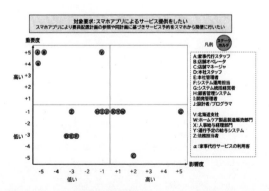

図2.9　家事代行サービス要員自動配置システムにおける「スマホアプリによるサービス提供」要求に対するステークホルダマトリクス

56

　表 2.2 および図 2.9 の結果を，ステークホルダ間での議論に活用すると，例えば，スマホアプリによるサービス提供を要望するスタッフや利用客を考慮すると，本要求を無視することは適切ではなく，さらに開発費や実現方式について検討を続ける必要性の認識に至るなどの，合理的な議論が期待できる．

参考文献

[1] H. Sharp, A. Finkelstein, and G. Galal, Stakeholder Identification in the Requirements Engineering Process, Proc. of 10th Int'l Workshop on Database and Expert Systems Applications (DEXA), 1999, pp. 387-391.

[2] 妻木 俊彦, 白銀 純子, 要求工学概論, 近代科学社 , 2009.

[3] 一般社団法人情報サービス産業協会 REBOK 企画 WG, 要求工学実践ガイド, REBOK シリーズ 2, 近代科学社, 2014.

第 3 章

要求ワークショップ

3.1 はじめに

3.2 組織をまたがるステークホルダで協調する

3.1　はじめに

　要求獲得の際に要求アナリストが要求や関連知識を収集するための方法には，既存の業務・システムに関するマニュアルや設計書などを情報源とするドキュメント調査，実際の業務やシステムの振る舞いの観察などによる方法，そしてステークホルダから直接情報を入手する方法が挙げられる．要求アナリストはこれらを方法を併用しながら要求獲得を行う．いずれの方法をとる場合にも，要求アナリストが単独で遂行できるものではなく，要求の源泉となるステークホルダとしっかりと連携してすすめることが重要である．

　ステークホルダから直接情報を入手する場合，一人のステークホルダから得られる情報は断片的であることに留意する．ステークホルダはそれぞれ各自が所属する部署の業務について，その進め方や制約，システムの機能については詳しい．一方，その関連業務や他部署の業務，そこで利用されるシステムの機能まで把握していることは少ない．企業におけるシステム開発では，たとえば複数の部署の業務を統合・整理を行う場合など，複数の業務・システムの情報を横断的に把握した上で，ステークホルダにより異なる利害や要求の調整が必要になることが多い．本章では，「要求ワークショップ」による「組織をまたがるステークホルダで協調する」パターンを解説する．

3.2　組織をまたがるステークホルダで協調する

3.2.1　背景

　企業のある部署において業務拡大とそれに伴う業務フローの見直しが決まった．見直し後の業務フローでは，新規の支援システムではなく，他部署で運用中のシステム（現行システム）を改造し利用する．このため，業務拡大を行う部署と現行システムの利用部署，2 つの部署の業務フローを共通化する必要がある．

3.2.2 課題

　それぞれの部署の担当者らは，自部署の業務や利用しているシステムについては詳しい．しかし，相互の部署の業務の差異点，類似点を意識・把握している人はいない．各部署の取引相手など他者との取り決めや慣習などから業務ルールにも差異が存在する可能性は高い．

　新規の業務フローは，それぞれの部署の業務フローを置き換えるものであり，業務フローや業務ルールの差異を認識し，双方の部署の業務が支障なく行えるように作成する必要がある．また，それぞれの部署は，これまでとは違う手順や新たな手順を受け入れる必要もある．

　要求アナリストが，一方の部署から収集した情報に基づいて新規の業務フローを作成してしまうと，他方の部署の業務とは齟齬のある業務フローを作成してしまう可能性がある．要求アナリストが各部署から個別に収集して，情報・要求を収集・統合しようとすると時間が掛かり，さらには，要求アナリストを介した伝言ゲームになってしまう恐れもある．

3.2.3 解決策

　このような場合に，複数部署のステークホルダが一か所に集まり，短時間，集中的に，互いの業務知識を共有・補完しながら議論を行い，協調してゴールとなる成果物を作成し，合意形成を行う方法が「要求ワークショップ」である [1, 2, 3]．その場で論点を抽出し，結論を得ることが可能である．

　要求ワークショップを成功させるには次の 6 つの要素が重要である．

(1) 要求ワークショップの目的
(2) 適切な参加者
(3) 要求ワークショップの場所
(4) 要求ワークショップの基本ルール
(5) 要求ワークショップの成果物
(6) 要求ワークショップの進め方

(1) 要求ワークショップの目的

　要求ワークショップを実施する理由（例：何を明らかにするのか？　何を解決するのか？）を定義する．要求ワークショップの目的の記述は，実施する理由と根拠を短い文で述べることが望ましい．また，要求ワークショップの参加者への質問項目を付記することが参加者が目的を理解する上で有用である．図 3.1 に記述例を示す．

- **本ワークショップの目的**
  - ・新業務フローおよびシステム化を進める上での課題を明らかにする
- **参加者への質問項目**
  - ・システムを利用するのは誰か？
  - ・システムを使用する際にどのような手順を踏むか？
  - ・どのようなビジネスルールを適用するべきか？
  - ・いつ，どのくらいの頻度で，作業を行う必要があるか？

図 3.1　要求ワークショップの目的の記述例

(2) 適切な参加者

　要求ワークショップの目的を達成するためには，議論に必要な知識を持つ人々が参加している必要がある．

　ただし，参加者の人数が増えると，議論に要する時間が長くなり，アウトプット（例：作成される成果物）の量が減少する恐れが出てくる．議論の長時間化は，業務都合による離席，それによる議論の停滞にもつながる．集中して短時間に議論を完結させるため，人数・時間を限定し，要求ワークショップを開催する．要求ワークショップの参加者数は 7〜12 名が一般的と言われている．

　効率的なアウトプットを生み出すためには，要求ワークショップのプロセスを推進したり，議論に集中するためのサポートを行う役割も必要である．表 3.1 に要求ワークショップの参加者の代表的な役割を示す．

表 3.1　要求ワークショップの参加者の代表的な役割

役割の名称	役割の概要
ユーザ	• 要求ワークショップに参加し議論する.
SME	• 要求ワークショップの参加者に対して，専門分野に関する情報を提供する.
スポンサー	• 要求ワークショップの開催を承認する. • 要求ワークショップの成果物を承認する.
ファシリテータ	• 要求ワークショップの計画・設計をする. • 要求ワークショップの議論を取り仕切る.
書記/フォロー役	• 要求ワークショップの議論を記録する. • 成果物の作成・修正を支援する.

ユーザ：

　要求ワークショップの議論の中心を担うのはユーザである．ユーザには，直接システムを操作する人，および，ファイルやレポートなどシステムの出力結果を利用する人も含まれる．実際のユーザの代わりに，以前にユーザであったことがある，あるいは作業内容や作業時の問題を把握している人がユーザの代役（代役ユーザ）が務める場合もある．この場合には，代役ユーザは事前に実際のユーザから情報を収集しておくことや，要求ワークショップ後の成果物のレビューには実際のユーザを加えることなども考慮する．

SME（Subject Matter Expert：サブジェクトマターエキスパート）：

　要求ワークショップの議論では，ユーザの業種，業務に関する専門的な情報の確認が必要な場合がある．このような当該事項に関する知識を有するのが SME であり，要求ワークショップでは，専門分野に関する質問への回答，および説明をする役割を担う．SME の要求ワークショップへの参加は，焦点を絞り短時間に行う．その他，事前に書面で問い合わせ回答を得ておく，要求ワークショップ後に作成した成果物のレビューを依頼したり，打ち合わせを設けるなどの方法も

63

ある.

スポンサー：

スポンサーは，要求ワークショップの目的を確認し，適切な参加者の出席を保証する．これにより要求ワークショップが公式なイベントとして位置付けられる．

スポンサーは，要求ワークショップを実現するための財務的な権限，および組織的な影響力を有していることが望ましい．このような権限や影響力は，要求ワークショップに適切な参加者を出席させるために効果的である．

スポンサーは，要求ワークショップの全てのイベントに参加する必要はないが，スポンサーの出席は参加者の意欲を向上させる．このことは，要求ワークショップの成果物の出来栄えにも良い影響を与える．

ファシリテータ：

ファシリテータは要求ワークショップの計画と設計を行う．また，要求ワークショップの実施時に，参加者の議論および成果物作成などグループワークの進行の促進を担う．要求ワークショップの規模によっては，複数人で共同・分担していっても良い.

- 計画および設計
  ・要求ワークショップの目的の確認
  ・要求ワークショップの関係者の選定
  ・要求ワークショップで用いるテンプレートやルールの準備
  ・要求ワークショップ計画の準備
- グループワークの進行の促進
  ・参加者のコメントの要約・明確化
  ・予定時間の調整
  ・観察および介入

ファシリテータは，グループワークに直接参加するのではなく，そのプロセスを管理することでグループワークの進行を促進する．このた

めに重要な行動が観察と介入である．参加者個人，グループワークの内容が，プロジェクトやワークショップの目的の達成に繋がっているかを「観察」する．妨げになっているようであれば，参加者の会話を一旦止めて振りかえりを行ったり，より直接的にコメントや助言による「介入」を行うことで修正する．

書記/フォロー役：

グループワークの結果は，成果物としてまとめられる．合わせて，グループワークでの議論の経緯についても記録することが望ましい．どのような議論が行われて結論にたどり着いたのかの情報は，参加者以外への説明や成果物に修正が必要となった場合に有用な情報である．記録を行う書記役を設けることで，ユーザには議論に専念してもらうことができる．また，成果物の作成・修正を支援するフォロー役を設けることも議論を加速する．

要求ワークショップの参加者は，要求ワークショップに「出席」するだけでなく，割り当てられた場合には，要求ワークショップ前に資料の準備や読み込みを行ったり，要求ワークショップの後のアクションプランや宿題事項の措置を行うことも必要である．

(3) 要求ワークショップの場所

参加者が集中してグループワークを行うためには開催場所の立地や大きさも重要である．

- 立地
  - ・仕事場以外で実施する方が，日常業務からの割り込み（例：電話・メール応対，緊急の会議）が少なく，参加者が要求ワークショップに集中しやすくなる．
  - ・一方，移動や環境整備のコスト，資料の入手しやすさとのトレードオフになることは考慮する．
- 大きさ
  - ・参加者が収容可能なスペースに加えて，例えばグループワークの様

子を見に来たスポンサーが滞在したり，招集した SME が待機した
りできるスペースも確保すると良い．

(4) 要求ワークショップの基本ルール

要求ワークショップのグループワークで，参加者間の不健全なやり取り
を矯正したり，生産的なやり取りを促進したりするためには，参加者の協
力関係を形成することが重要である．そのために，それぞれの参加者がグ
ループワークで守るべき振る舞い（基本ルール）を設定し，明示的に共有
する．

要求ワークショップの基本ルールの例を挙げる．

- 公平に参加者が発言・議論するための基本ルール
  - 一時には一人だけが発言する．
  - 討論および批判は関心事項に向け，個人や部署などには向けない．
  - 他者の発言をさえぎって反論しない．
  - 途中で強引にまとめない．
- 議論の内容が逸脱しないための基本ルール
  - 脱線した議論は 5 分以内に限定する（ただし，議事には記録する）．
- 参加者の集中を妨げないための基本ルール
  - 携帯電話を持ち込まない．
  - 外部への連絡は要求ワークショップの部屋の外で対応する．
  - セッションは定刻通りに開始・終了する．

要求ワークショップの基本ルールは個々の開催条件に合わせて追加す
る．例えば，複数回の要求ワークショップを実施する場合には，何がすで
に合意済みであるかを確認し，それらに関しては今回の検討や議論をしな
いこと，を追加する場合がある．また，多様な会社，国が参加して行う場
合には，それぞれの文化的背景により，言語的，非言語的行動が違う意味
で解釈される可能性があることを提示し，ワークショップ内での意志表明
や意思決定の方法を確認する場合もある．

基本ルールは定めて周知をするだけではなく，守るための工夫も必要で
ある．例えば，上述の「議論の内容が逸脱しないための基本ルール」を遵

守するための工夫として,「パーキングロット（駐車場）」がある.「パーキングロット」とは,議論用のホワイトボードなどに設けられる話題を停めておくための比喩的な場所である.ある話題について議論している際に,現在の話題とは直接的には関係ない話題について,現在の議論からずれているという認識がありつつも,重要な話題であるために脱線が長引いてしまうことは多い.このような場合にファシリテータは「今話題を進めるか,パーキングロットに入れるか」を問いかける.短時間に完結すると考えるのであればそのまま議論を継続しても良いし,後で議論するために付箋紙にその内容を記載しパーキングロットに貼付（駐車）しても良い.パーキングロットを用いることで,その話題を一旦停止するという共通認識を持ち,元の話題に集中することができる（図 3.2）.

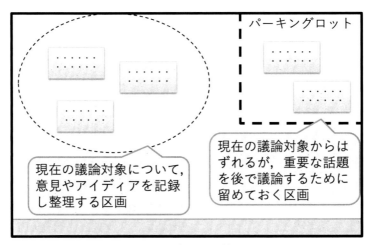

図 3.2　パーキングロットの使用イメージ

(5) 要求ワークショップの成果物

　要求ワークショップの目的に合わせて,入力と出力の成果物を決定する.成果物の形式（フォーマット）は,対象とする問題領域に合わせて選択する.入力の成果物は必ずしも必要ではないが,要求ワークショップでのグループワークにおいて迅速に議論を開始するためには効果的である.

(6) 要求ワークショップの進め方

　要求ワークショップは，要求ワークショップの開始，グループワークの実施，要求ワークショップの終了で構成される．要求アナリストはそれぞれについて計画および設計を行う．資料の準備や読み込みなど，要求ワークショップ前に必要な作業は早めに参加者に伝え着手してもらう．

要求ワークショップの開始：

　要求ワークショップを開始するために必要な項目を決定する．

- 要求ワークショップの目的
- 期待される成果物
- グループワークの参加者に留意して欲しいこと（例：協調的な作業，率直な話し合い，ルールに従うこと）

　要求ワークショップへの参加依頼時に，要求ワークショップの目的や期待される成果物を伝えることが，適切な参加者の選定および時間確保をしてもらう上で重要である．

　要求ワークショップの開始イベントを開催し，スポンサーから，要求ワークショップの目的や期待される成果物，さらにグループワークの活動や成果物に対してどのようにサポートをしていくのかを伝えることは参加者の意義づけに有効である．

グループワークの実施：

　要求ワークショップの目的を達成し，期待される成果物を作成するためのグループワークの実施計画を策定する

- 作業ステップの分割（入出力，参加者）
- ステップの作業時間の見積もり
- ステップの終了条件

　最終成果物を得るためのいくつかの作業ステップに分割する．各ステップの入力・出力を何にするか，各作業ステップに必要な参加者についても合わせて決定する．入出力について，テンプレートを準備す

ることで議論を加速できる．また，作業ステップおよび各ステップの入出力を参加者に事前共有しておく，さらに事前に準備が可能な入力については，要求ワークショップ開催前の作成を依頼しておく．

各ステップの作業時間を見積もり，時間配分を決定する．参加者の入れ替わりのタイミングや時間も考慮する．議論の中弛みや時間不足が発生しないよう休憩時間や調整時間の考慮も必要である．

グループワークの最終的な終了条件には，出力成果物に対して定める場合（例：定められた品質を成果物は満たしているか？）と，グループワークのプロセスに対して定める場合がある（例：予定されていた全てのステップが実施されたか？）．「(1) 要求ワークショップの目的」で定義に定めた「参加者への質問項目」に対して，参加者が明確に回答できるようになっていることも，重要な終了条件である．

要求ワークショップの終了：
ワークショップの終了のイベントを決定する．いずれもスポンサーに参加してもらうよう調整することが望ましい．

- グループワークの作業結果，成果物の発表会
- クロージング

　要求ワークショップは，絞られたテーマにおいて計画的に議題を設定し関係者で議論するため，効率的な要求の獲得やテーマに関する合意を形成することが可能である．一方で，議論するテーマ，および参加者を限定するために，議論をする上で多角的な視点が不足してしまうリスクも存在することも留意しておくべきである．

3.2.4　適用例

　日用品メーカ A 社は，ヘアケア，ボディケアなどの「ヘルスケア」と「化粧品」の 2 つが主要な取り扱い品目である．A 社の部署は，取り扱い品目を軸に構成されており，部署ごとに製造・販売を行っている．これまで，ヘルスケアの部署は，ドラッグストアを中心とした小売が主な販売経

路であった. 一方の化粧品の部署は, 自社のネット通販サイトを通じた販売であった.

　会社の経営会議でヘルスケアの部署が扱う商品 (ボディケア・ヘアケア) についてもネット通販サイトを通じて販売することが決まった. 同時に, これまでは別々であった両部署の販売受付・商品発送の業務フローも共通化する方針となった. また, 共通化した業務では, 化粧品の部署で既に運用中のシステム (現行システム) を改造して利用することになった.

　現行システムの改造開発のプロジェクトにアサインされた情報システム担当者は, それぞれの部署に簡単なヒアリングを行い, それぞれの部署の担当者は, お互いの業務フローの差異を意識していないこと, また, 現行システムは, すぐにでもヘルスケアの部署の業務にも流用できると考えられている現状を把握した. それぞれの業務知識を共有・補完しあい, 見直し後の業務フローについて整理すべき項目を洗い出す必要があると考え, 「要求ワークショップ」の開催を決定した.

(1) 要求ワークショップの目的

　要求ワークショップの目的を定め, それに付随する質問項目を 2 つ設定した (図 3.3 参照). 要求ワークショップ内で完結するのは, 2 つの部署の業務を共通化するための課題の洗い出しであり, 洗い出された課題の解決方法は, 要求ワークショップ後に個別に検討する.

- **本ワークショップの目的**
  - ・2 つの部署共通の業務フローに向け, 課題を洗い出す.
- **参加者への質問項目**
  - ・部署共通の業務の一連の流れを確認できるか?
  - ・2 つの部署の業務フローの差分が洗い出せるか?

図 3.3　要求ワークショップの目的・質問項目

(2) 適切な参加者

　要求ワークショップのスポンサーは, 2 つの部署への影響力がある事業部長に依頼した. 事業部長から, ヘルスケアの部署, 化粧品の部署, それ

ぞれに参加者の選出を依頼した．それぞれの部署の業務フローには，コールセンタや物流担当とのやりとりがあることから，コールセンタおよび物流担当部署へも参加を依頼した．参加者には要求ワークショップに向けた準備の時間の確保が必要なことを伝えた．

ファシリテータは，要求アナリストである情報システム担当者が担う．フォロー役，書記役も情報システム部の複数名が担当することにした．

表 3.2 に参加者の一覧を示す．

表 3.2 参加者の一覧

役割の名称	参加者
ユーザ	• 化粧品の部署の社員 2 名 • ヘルスケア部署の社員 2 名 • コールセンタのマネージャー • 物流担当部署の課長
SME	-
スポンサー	• 事業部長
ファシリテータ	• 情報システム部担当者（要求アナリスト）
フォロー役／書記	• 情報システム部社員

(3) 要求ワークショップの場所

要求ワークショップの出席者に議論に集中してもらうため，2 つの部署が入居しているビル内でそれぞれの部署の部屋とは別フロアにある会議室を使用した．

(4) 要求ワークショップの基本ルール

基本ルールは，前節で述べたものを使用した．加えて，挙手制だけでなく，ファシリテータからの指名や順番に意見を提示する機会を設けるなどで議論の全員への参加を促した．

(5) 要求ワークショップの成果物

　要求ワークショップの最終的な出力の成果物は，部署共通の業務フローを運用するためのポイントをまとめた「業務共通化課題一覧」と定めた．出力の成果物のフォーマットは表形式とし，その雛形を準備した．

　議論のベースとなる入力の成果物は，化粧品の部署，ヘルスケアの部署それぞれの部署の現行の業務フローとした．入力の成果物のフォーマットは UML のアクティビティ図に基づく業務の流れ図とし，それぞれの部署の担当者に準備を依頼した．部署の担当者らは，UML のアクティビティ図の記法に不慣れであったためフォロー役の情報システム部の社員が図の作成を支援した（図 3.4，図 3.5）．

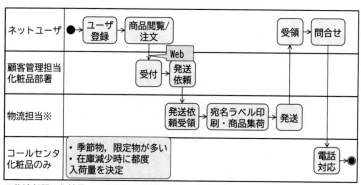

※物流部門は化粧品・ヘルスケア商品の両方の部署を扱う

図 3.4　化粧品部署の現行の業務フロー

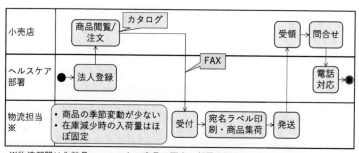

※物流部門は化粧品・ヘルスケア商品の両方の部署を扱う

図 3.5　ヘルスケアの部署の現行の業務フロー

(6) 要求ワークショップの進め方

ゴールとなる業務共通化課題の洗い出しに向け，3つのステップのグループワークを計画した．表 3.3 にグループワークの実施計画を記す．また，タイムスケジュールを表 3.4 を示す．

表 3.3 グループワークの実施計画

ステップ	タスク	入力成果物	出力成果物
1. 既存業務の共有	化粧品の部署の業務説明	現行業務フロー	業務詳細手順書，ビジネスルール一覧
	ヘルスケアの部署の業務説明	現行業務フロー	業務詳細手順書，ビジネスルール一覧
2. 業務の差分抽出	2つの業務の差分箇所の特定	現行業務フロー，業務詳細手順書	確認ポイントを付記した現行業務フロー
3. 業務共通化課題の洗い出し	共通業務フローの運用上の問題点・疑問点の抽出	現行業務フロー，業務詳細手順書，ビジネスルール一覧，差分箇所一覧	業務共通化課題一覧

表 3.4 タイムスケジュール

時間	議題
9:00 - 9:30	キックオフ
9:30 - 10:00	議題，設備，基本ルールの確認
	1. 既存業務の共有
10:00 - 11:00	化粧品部署の業務理解
11:00 - 12:00	ヘルスケアの部署の業務理解
12:00 - 13:00	昼休憩
13:00 - 14:00	2. 業務の差分抽出
14:00 - 14:45	3. 業務共通化課題の洗い出し
14:45 - 15:00	休憩
15:00 - 15:30	発表会＆最終確認
15:30 - 16:00	クロージング

要求ワークショップの開始：

キックオフには，スポンサーである事業部長も出席し，要求ワーク

ショップの目的や期待される成果物，さらにグループワークの活動や
成果物に対してどのようにサポートをしていくかについて参加者らに
直接伝えた．続いて，ファシリテータから要求ワークショップの議
題，設備，基本ルールの確認をした．

グループワークの実施：

ステップ 1 では，ヘルスケアの部署，化粧品の部署，それぞれの既存
の業務の共有を行った．各担当者らが，事前に準備した業務フロー
（図 3.5, 図 3.4）に沿ってそれぞれの部署の既存業務の内容を説明し
た．出席者らは，適宜不明点について質問し，双方の業務知識の共有
が行われた．また，同時に業務の詳細な手順の整理，業務上の取り決
め（ビジネスルール）の抽出が行われた．

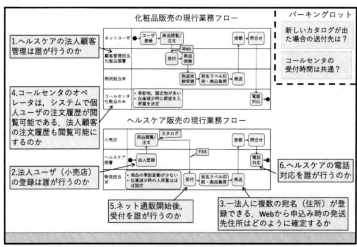

図 3.6　確認ポイントを付与した業務フロー（ホワイトボード上のイメージ）

ステップ 2 では，2 つの部署の既存業務フローの内容を比較し，業務
の差分を抽出した．グループワークでは，図 3.6 に示すように，ホワ
イトボード上に 2 つの業務フローを上下に並べ，両者の差分の個所に
対して議論を行い，共通化をする上で確認すべき内容を記した付箋を

付与していった. これらの差分が業務を共通化する上で解決すべき箇所に相当する.

最後のステップ3では, 抽出された確認ポイントを誰に確認すべきかの内容も加え, 業務共通化課題一覧を最終的な出力成果物として作成した (表3.5参照).

表 3.5　業務共通化課題一覧

No.	業務の箇所	確認ポイント	確認相手
1	顧客管理業務全般	ヘルスケアの法人顧客管理は誰が行うのか	ヘルスケア部署, 化粧品部署
2	法人登録	法人ユーザ (小売店) の登録は誰が行うのか. 案:顧客自身, ヘルスケア部署, システム部門	ヘルスケア部署
3	宛名ラベル印刷	一法人に複数の宛名 (住所) が登録できる. Webから申込み時の発送先住所はどのように確定するか.	ヘルスケア部署
4	コールセンタ業務全般	コールセンタのオペレータは, システム上で個人ユーザの注文履歴が閲覧可能である. 法人顧客の注文履歴も閲覧可能にするのか	コールセンタ, 情報システム部門
5	受付	ネット通販開始後の受付は誰が行うのか. 案:ヘルスケア部署, 物流担当	ヘルスケア部署, 物流担当
6	電話対応	ヘルスケアの電話対応が誰が行うのか. 案:ヘルスケア部署, コールセンタ	ヘルスケア部署, コールセンタ

要求ワークショップの終了:

予定された3つのステップが実施された後, グループワークの作業結果の発表会が行われた. 参加者全員で, 要求ワークショップの目的で定めた参加者への質問項目を再度確認した. その上で, 今回の出力成果物 (業務共通化課題一覧) が, 上述の質問項目に対する回答となっているかの最終確認を行った.

続いて開催されたクロージングでは, スポンサーである事業部長から, 事前の準備を含め要求ワークショップへの参加に対して感謝が述

べられ，引き続き，両部署の販売受付・商品発送の業務フローの共通
化および現行システムの改造開発への協力が依頼された．最後に，要
求アナリストから，業務共通化課題一覧の各項目について，別途ヒア
リング・打合せを行うことを伝え，要求ワークショップを終了した．

参考文献

[1] エレン・ゴッテスディーナー，三島 邦彦，前田 卓雄，宗 雅彦 (監訳), 成田 光彰 (訳), 要求開発ワークショップの進め方，日経 BP 社，2007.

[2] Dean Leffingwell , 株式会社オージス総研 (翻訳), 藤井拓 (監訳), アジャイルソフトウェア要求，翔泳社，2014.

[3] ビジネスアナリシス知識体系ガイド (BABOK ®ガイド)　Version 3.0, IIBA ® 日本支部，2015.

第4章

CATWOE：打つべき課題を明らかにする

4.1 はじめに

4.2 分析領域を定義する

4.3 背景も含めて課題を分析し，主要課題を絞り込む

4.1　はじめに

　的確な要求を獲得するためには，現状とあるべき姿を踏まえた課題を抽出し，その課題に対する要求を獲得することが重要である．しかし，実際に課題分析に着手すると，様々なステークホルダから多様な問題やニーズが提出され，課題分析の目的を見失うことが多い．また，抽出した課題の根底にある背景を見出すことができず，表面的な課題分析に終わってしまうことも多い．加えて、抽出した課題の中でどの課題に対し，優先的に着手すべきか判断に迷うことがある

　本章では，課題分析をするための 2 つのパターンをとりあげる．1 つ目の「分析領域を定義する」パターンでは，課題分析の方向性を定めるために分析対象の領域を定義する方法について紹介する．「背景も含めて課題を分析し，主要課題を絞り込む」パターンでは，実際の課題分析の方法と抽出した課題の絞り込むための考え方について述べる．

4.2　分析領域を定義する

4.2.1　背景

　要求の獲得をする前段階として，現状のビジネス活動の問題やニーズを分析することが多い．

4.2.2　課題

　分析目的や対象を定まらず，真に求められる方向性でない分析や対象を広げ過ぎて深い分析ができない．また，分析を進めている最中に，新規参画者と議論する中で，方向性を見失い，軌道修正できない場合がある．

4.2.3　解決策

　XYZ 分析と CATWOE 分析という 2 つのツールによる表現を組み合わせて分析領域を定義する [1]．以下に手順ごとに実施内容を記述する．

(1) XYZ 分析の実施

XYZ 分析は，次のような定義を導き出す分析手法である．

「Z を達成するために Y によって X を行うシステム」で表された簡潔な文章が成立する X,Y,Z を定義すること

これをビジネスに適用したときには，表 4.1 に示すとおり，X は実行するビジネス活動そのものを表し，Z は目的，Y は手段となる．

表 4.1　XYZ 分析における要素

要素	説明
X（実行）	ビジネス活動そのものを示す文字型
Y（手段）	そのビジネス活動の手段やリソースを示し，ビジネス活動を具体化する
Z（目的）	ビジネス活動の目的を示し，そのビジネス活動の外側（上位）にある意図をイメージさせる

(2) CATWOE 分析の実施

XYZ 分析の定義に対して，CATWOE 分析をする．CATWOE 分析は，特定の課題に対してその内容を表 4.2 に示す 6 つの視点で深く掘り下げるための分析手法である．

表 4.2　CATWOE 分析における 6 つの視点

要素	説明
C: Customer（受益者・被害者）	ビジネス活動により恩恵（あるいは損害）を受けるステークホルダを示し，ビジネス活動の外側にいる
A: Actor（実行者）	そのビジネス活動に主体的に関わるステークホルダを示す
T: Transformation Process（変換プロセス）	ビジネス活動そのものを示す
W: World View（価値観）	そのビジネス活動を実行する上での「O（責任者）」の価値観である．しばしば，「Z（目的）」と同義であり，上位目標（「O（責任者）」の使命）を受けた「A（実行者）」の思いを表現する．
O: Owner（責任者）	「A（実行者）」の上位に位置するステークホルダを示す
E: Environment（環境制約）	そのビジネス活動を実行する上での外部条件や制約をしめす

　なお，本解決策では，「T（変換プロセス）」自体を表現する代わりに，表 4.3 に示す，「T-pre（実行前状態）」と「T-post（実行後状態）」の 2 つで表現する．これは，実行前後の状態を記述することで，「T（変換プロセス）」に具体性を持たせるためである．

表 4.3　「T（変換プロセス）」を表現する 2 つの要素

要素	説明
T_pre （実行前状態）	課題が解決される前の状態（望ましくない状況）を示す
T_post （実行後状態）	課題が解決された後の状態（望ましい状況）を示す

　CATWOE 分析の全体像として，これらの 8 つの要素間の関連を図 4.1 に示す．

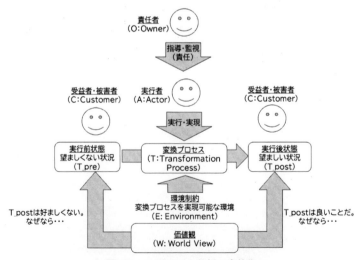

図 4.1　CATWOE 分析の全体像

　XYZ 分析での X が CATWOE の T に該当する．このため，次の方法で CATWOE を作成する．

1. 課題は,「T_pre (実行前状態) と,「何か」によってそれが解決された「T_post (実行後状態)」, として表現する
2. 課題によって困っている人を求め,「C (受益者・被害者)」として表現する
3. 解決された状態を「よし」とする「W (価値観)」を明示する
4. 「E (環境制約)」があれば列挙する

(3) 結果の考察

XYZ 分析と CATWOE 分析の結果をもとに,分析領域を考察する.
まず,XYZ 分析を検証する観点を以下に示す.

1. 「実行 (X)」は実現可能か
2. 「実行 (X)」は「目的 (Z)」の達成に寄与するか
3. 「実行 (Y)」は「手段 (Y)」によって達成されるか

次に,CATWOE 分析を検証する観点を以下に示す.

1. 「受益者」「実行後状態 (T_post)」は実現可能か
2. 「環境制約 (E)」によって「実行後状態 (T_post)」は実現できるか
3. 「責任者 (O)」にとって「実行後状態 (T_post)」が実現されることは良いことか
4. 「受益者・被害者 (C)」にとって「実行後状態 (T_post)」は良いことか
5. 「価値観 (W)」の記述は適切か
   「価値観 (W)」の記述レベルの基準としては,「実行前状態 (T_pre)」を否定し,かつ「実行後状態 (T_post)」を肯定する根拠となっている必要がある

XYZ 分析と CATWOE 分析それぞれの検証だけではなく,両者が整合しているか,以下の観点で検証する.

1. 「実行 (X)」は「実行前状態 (T_pre)」を「実行後状態 (T_post)」に変換するか?

81

2. 「A（実行者）」は，「X（実行）」，および「実行後状態（T_post）」を実現できるか？
3. 「O（責任者）」にとって，「Z（目的）」が実現されることはよいことか？
4. 「Z（目的）」と「W（価値観）」の意図に矛盾がないか？

分析領域定義を行うことで，主に次の 2 つの効果がある．

1. 関係者と分析の方向性を共有でき，関係者が新規に参画しても発散することなく分析できる
2. 関係者と共有した内容を基盤にして，すべての作業を行うことによって，効率的な分析が可能になる

最後に，分析領域定義を行う上での注意を以下に記す．

1) 分析領域を固定的に考えない

　新しい課題や要求を分析領域定義と比較した結果，分析領域に含まれない課題や要求であると判断したときに，闇雲に対象外とせず，まず分析領域定義を修正する必要があるかどうかを考える．新しい課題や要求こそが狙っている真実かもしれないためである．分析領域の位置を変えることや，分析領域を拡大することをまずは検討する．

2) 分析領域を局所的に考えない

　分析領域定義は，課題や要求との距離感を捉え，分析のための方向性を見つけ出すためのツールである．最初から局所的に分析領域定義を考えると，何ら情報なしにあるべき姿を決めることになる．最初の分析領域定義はステークホルダの強い思いを中心にして，少し広めの領域で表現するとよい．

3) 分析領域定義をたくさん作り過ぎない

　分析領域定義は，1 つだけ作成すればよいわけではない．ビジネス活動は，大概複雑に込み入っており，それをできる限り正確に表現しようとしたときには，ある一側面だけの表現に留めることはできない．しかしながら，逆に分析領域定義を何十個も作ればよいというものではない．多数の

分析領域定義を作成してしまうと多数のモデルからある特定のビジネス活動をイメージすることが非常に困難になる．1〜3個程度を目安として分析領域定義を作成すると良い．

4.2.4 適用例

　B社に所属する技術者は，自社が提供する会員制のパートナーマッチングサービスの課題分析に着手した．本サービスでは，各会員に対しアドバイザが専任でつき，会員の管理だけでなく，希望条件マッチングに基づき会員同士の紹介とマッチングパーティの手配を行っている．現状，会員からのアンケート結果から「希望する条件に合致するパートナーが紹介されない」，「マッチングパーティでの振る舞いに関するアドバイスが得られない」などのフィードバックが寄せられている．そこで，まず技術者は，アドバイザが会員に対して行うカウンセリングについて課題分析を行うことにし，分析領域定義に着手した．

(1) XYZ 分析の実施

　技術者は，まず XYZ 分析から行った．具体的には，「X（実行）」として何がよいかを検討し，『アドバイザが質の高いカウンセリングを行う』と定義した．

　続いて，定義した「X（実行）」の活動の上位のビジネス活動やこの活動の目的を考え「Z（目的）」として，『会員の満足度を向上するため』と定義した．

　次に，個々まで定義した「X（実行）」と「Z（目的）」をつなげる「Y（手段）」を検討した．「Y（手段）」を考える上で，様々な手段のアイデアがあるが，詳細は追って検討することとして，この段階ではいちアイデアとして『マッチングパーティを観察していたアドバイザの自己評価に基づいてカウンセリングする』と定義し，分析作業を進めた．

(2) CATWOE 分析の実施

　実施した XYZ 分析結果に基づき，CATWOE 分析に着手した．まず，現状を「実行前状態（T_pre）」と定義し，「実行後状態（T_post）」とし

て，『アドバイザによるマッチングパーティでの振る舞いの評価を参考に，アドバイザが具体的かつ有効なアドバイスができる』状態を定義した．続いて，この課題によって困っている人，すなわち「C（受益者・被害者）」として『会員』を，「A（実行者）」，「O（責任者）」をそれぞれ『アドバイザ』と『社長』とした．

　次に，解決した状態をよしとする「W（価値観）」を検討した．「実行前状態（T_pre）」，「実行後状態（T_post）」がそれぞれなぜ悪いのか，もしくは良いとなる文脈を考えた．最初は『アドバイスを受けて自分に合うパートナーの条件に気付けることにより満足度が上がる』と考え，CATWOE に記載し帰途に付いた．しかし，帰途の電車の中で，よくよく考えると，アドバイスによって変えるのは，パートナーの条件でなく，自分自身の課題や振る舞いの課題に気付ける方が，会員にとってメリットが大きく，結果は伴わずとも満足度が上がるのではないかと考えた．そこで，翌日，「W（価値観）」として，『会員は適切なアドバイスを受けることによって，たとえ相手が見つからなくとも，前向きに活動に取り組むことができ，結果的に満足度が上がる』と定義した．また，「E（環境制約）」として，変更することができない，プライバシー保護観点の制約事項を記載した．

(3) 結果の考察

　作成した XYZ 分析と CATWOE 分析をセルフチェックし，矛盾がないことを確認した．加えて，実際にアドバイザをしている人に，自身の課題認識や仮説に納得性があるかインタビューした．アドバイザからは「アドバイザが担当する会員の行動を確認することは可能だが，それにより会員自身や振る舞いに対する評価をすることはあまり効果的でない．もし，会員自身が課題に気づきたいのであれば，マッチングパーティに参加した他の会員からの評価を活用したほうが良い」というアドバイスであった．技術者は，確かに他会員からのアドバイスのほうが，複数視点から多角的に，なおかつ具体的な評価を得られると考え，XYZ 分析，ならびに CATWOE 分析の内容を再定義した．図 4.2 に見直し後の XYZ 分析と CATWOE 分析を示す．

何を達成するため？(Z)	会員の満足度を向上させるために
何の手段によって？(Y)	**マッチングパーティに参加した会員同士による相互評価をインプットとすることによって**
何を行う？(X)	アドバイザが質の高いカウンセリングを行う

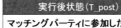

責任者(O)
社長

受益者・被害者(C)		実行者(A)
会員		アドバイザ

実行前状態(T_pre)	実行後状態(T_post)
主なインプットが会員による自己評価であることから、アドバイザが必ずしも的確にアドバイスできない	**マッチングパーティに参加した会員同士による多面評価**を参考に、アドバイザが具体的かつ有効なアドバイスができる

環境制約(E)
プライバシー保護と手厚いサービスを保証するため、アドバイスは専任アドバイザのみが担当することとなっている

価値観(W)
会員は、客観的かつ多面的な情報に基づいたアドバイスを受けることによって、すぐには相手が見つからなくとも、前向きに活動に取り組むことができ、結果的に満足度が上がるはずだ

図 4.2　マッチングサービスの分析領域定義例

4.3　背景も含めて課題を分析し，主要課題を絞り込む

4.3.1　背景

　ビジネス目的を達成するための解決策は多数ある．限られた時間の中で，より効果的に効率的にビジネス目的を達成するためには，複数の課題の根本にある真の課題を見つけ，解決策を実行することが求められる．

4.3.2　課題

　ステークホルダによる課題の表現は，断片的かつ表面的になることが多い．そのためステークホルダ自身も気づいていないような要求やより根源

的な課題が潜んでいることが多い．

4.3.3　解決策

　特定した分析領域に対して，複数の視点でより詳細に考察することで，根源的な課題や課題の背景を明確にする．ここでも CATWOE 分析を用いてより深く考察する．課題を CATWOE の 6 要素に合わせて表現することで，課題，その背景，関係する人々（役割），解決の方向，そしてそれを「よし」とする価値観などが明らかになり，より課題を深く理解できるようになる．この作業を通じて達成すべきビジネスゴールの候補が得られる．

　以下の手順で行う．ただし，一連の作業を 1 回のみ行うのではなく，繰り返すことが望ましい．繰り返すことで，より重要な課題に対して，より具体的なソースやステークホルダの経験則に基づいた，本質的な課題分析ができる．したがって，最初にすべての課題を表面的に分析した後に，課題を絞り込んでより深い考察を繰り返すとよい．

(1) 課題を抽出するソースの特定

　定義した分析領域に存在する課題を抽出するためのソースを特定する．課題抽出ソースとして，以下の要素が含まれているとよい．

1. ビジネス活動に対する具体的な問題や不便な点
2. 問題点の原因と考えているもの
3. 問題点による影響 など

これらの要素が含まれているソース例として以下が挙げられる．

1. リッチピクチャ
2. ステークホルダへのアンケート結果やヒアリング結果
3. 分析領域に関するコールセンタへのクレーム一覧やインシデント

(2) CATWOE の記述

　課題抽出ソースから CATWOE の記述を通して，課題の裏にある背景も含め理解を深める．以下に記入する手順を示す．

1. 解決したい状態「変換前状態 (T_pre)」
2. 解決するとどう嬉しいか「変換後状態 (T_post)」
3. 解決すると嬉しい人「受益者（C），あるいは困る人（C）」
4. 解決策を実行する人「実行者（A）」
5. 解決したい理由「価値観（W）」
6. 責任を持って解決を支援できる人「責任者（O）」
7. 環境条件「環境制約（E）」

　1つの課題に対して複数の CATWOE を作成すると，課題に対する考察がより深まる．そのために，「受益者（C）」と「変換後状態（T_post）」を変化させて新しいバリエーションの CATWOE を作成するとよい．「受益者（C）」と「変換後状態（T_post）」を変化させることで，新しい「環境制約（E）」や「価値観（W）」が浮かび上がってくる．CATWOE の「変換後状態（T_post）」，「環境制約（E）」や「価値観（W）」は，ゴール要素となるため，新しい要素の創出がゴールモデルに広がりを与える．

(3) CATWOE のレビュー

　CATWOE の各項目に矛盾がないか確認する．確認観点は，前述の検証観点を用いる．ステークホルダとともに CATWOE を以下の手順でレビューし，ステークホルダの認識とあっているかを確認する．

1. 「変換前状態 (T_pre)」と「価値観（W）」の解釈
2. 「受益者（C）」と「変換後状態（T_post）」について，具体的に誰がどのように解決されることを望んでいるかのイメージ
3. 「環境制約（E）」の抽出が十分であるか

(4) 着目すべき主要な課題の絞り込み

　分析する課題は，より重要なものに絞って深く考察をする．「より重要な」とは，以下のような課題がある．

1. 「受益者・被害者（C）」が多い課題
2. 分析領域に大きな影響を及ぼすと考えられる課題

　実際に CATWOE を記述していると，「価値観（W）」には，必ずしも肯定的や発展的な要素が書かれるとは限らない．前述のとおり，「価値観（W）」はゴール要素の候補となる．そのため，否定的または消極的な要素はゴール要素の候補としてはふさわしくない．したがって，否定的や消極的な要素が出たときは，その否定的認識を課題として捉えて新しい CATWOE 分析を行い，肯定的または発展的な要素に変更できないかを検討するとよい．

　本解決策による課題分析を行うことで，以下の 2 つの効果がある．

1. 分析の俎上に上がっている課題が持つ根源的な課題を認識できる分析領域定義で作成した CATWOE に現れる表面的な課題は，表現は異なるものの根源的には同一の課題に端を発していることが多い．そのため，多視点での本課題分析を行うことにより，関連する複数の課題を同時に解決できる可能性がある．
2. 課題の背後にある背景（価値観）を認識することで，価値観を見直し，異なる課題の解決の道を発見できる違う価値観で課題を見ることにより，異なる解決策を導くことができ，その解決策が他の異なる課題を解決することができる．

4.3.4　適用例

　分析領域定義で定めた『会員の満足度を向上するために，アドバイザが質の高いカウンセリングを行う』ことの課題分析に技術者は着手した．

(1) 課題を抽出するソースの特定
　課題を抽出するソースとして，会員からのアンケート結果がよいと考え，準備した．アンケート結果以外にもステークホルダに直接意見をもらったほうがよいと考え，複数のアドバイザと社長に対し，インタビューを行った．

(2) CATWOE の記述
　ソースとして準備したアンケート結果をもとに，「受益者・被害者（C）」が会員となる「実行前状態（T_pre）」を記述した．続いて，「実行後状態

（T_post）」，「受益者・被害者（C)」，「実行者（A)」を記載した．「実行
前状態（T_pre)」のそれぞれに対し，なぜ解決しなければならないかの
理由を検討し「価値観（W)」として記載した．最後に，「責任者（O)」と
「環境制約（E)」を記載した．

　同様に，アドバイザ，社長へのインタビュー結果をもとに，CATWOE
を記述した．一通り作成した後に，全体を精査する中で，「受益者・被害
者（C)」の視点を変えてみることにした．会員の中には，本人の条件がよ
くない人もいる．そのような人を想定して，別の CATWOE を追加した．

(3) 記述した CATWOE のレビュー

　記述した CATWOE をもとに，インタビューをしたアドバイザと
レビューをした．アドバイザ自身が「受益者・被害者（C)」となる
CATWOE が納得性があるか確認した．また，アドバイザ自身が「実行者
（A)」となる CATWOE に対して，具体的なイメージが湧くか，環境制約
が事実を反映しているかの観点で確認した．

　また，社長へも同様のレビューを行った．社長には，「実行前状態
（T_pre)」とその理由である「価値観（W)」の認識があっているかを中
心に確認した．

(4) 着目すべき主要課題の絞り込み

　レビューが終わった CATWOE の中で，「受益者・被害者（C)」が多く，
満足度向上につながり，分析領域への影響が大きいと考えられる，「アド
バイスのためのインプットの改善」と「具体性のあるアドバイスの実施」
を主要課題として定義した．一連の作業を通して作成した，CATWOE
を表 4.4 に示す．

表 4.4　CATWOE の例

No.	T(pre)	C	T(post)	W	A	O	E
1	紹介数が毎月最低保証分しか来ない	会員	紹介数が増えている	より多くの紹介を行うことで、会員の満足度が向上するはずだ	アドバイザ	社長	紹介するためにはマッチング条件をクリアする必要がある
2	アドバイザが抽象的な助言しかせず不満を感じている	会員	アドバイザからの助言が役に立っている	カウンセリングを手厚くすることで会員の満足度が上がり客離れが防げるはずだ	アドバイザ	社長	イベントの開催はパンフレットで謳っており、参加者が低迷しても定期的に開催する必要がある
3	マッチングのための規定の条件が悪く、損をしていると感じている	会員	他者からの評価を得て自分自身を見つめ直すことができている	自分自身の本来の姿を知ることで、より自分にあった相手を求めるようになるはずだ	会員	社長	プライバシー情報を扱うため、会員はすべて専任アドバイザが 1 人つく

参考文献

[1] P. Checkland and J.Scholes, Soft Systems Methodology in Action, 1990.

第 **5** 章

概念モデルで現行業務を
理解する

5.1　はじめに

5.2　現行業務理解のための概念モデリング

5.3　業務を捉えながら概念モデルを作成する

5.4　理解した内容をステークホルダに確認する

5.1　はじめに

　ステークホルダから要求を獲得するための準備として，要求アナリストはステークホルダが置かれている現在の状況を理解する．現在の状況というのは，現行の業務，稼働中のコンピュータシステム，課題，ニーズなどである．これらについてステークホルダと会話できる状態にならなければならない．本章では，現在の状況のうち現行業務を，概念モデリングを用いて理解する方法について述べる．

5.2　現行業務理解のための概念モデリング

5.2.1　背景

　要求獲得の準備としてステークホルダと会話ができるだけの業務知識を得る必要がある．本格的な要求獲得を始める前の準備なので，詳細な業務ルールの把握はなく，対象となる現行業務の全体像や主要部分を理解したい．

5.2.2　課題

　業務を表現するドキュメントの 1 つに業務フローがある．業務フローは特別なスキルがなくても読めるというメリットがあるが，機能中心すなわち How(手段) 中心に記載するので，量が多くなりがちであり，きちんと整理するには時間が掛かる．短時間で現行業務の全体概要や主要部分を可視化し理解する方法が必要である．

5.2.3　解決策

　業務の全体概要や主要業務を概念モデルで可視化する．概念モデルは What(何を，対象物) 中心に表現するので，少ない情報量で業務の全体概要や主要業務を把握するのに適している．概念モデルは，データベース設計図ではなく，業務を写像したモデルである．概念モデルの主要な構成要素は，エンティティ，識別子，属性，関連，分類である．図 5.1 に概念モ

デルの構成要素を示す.

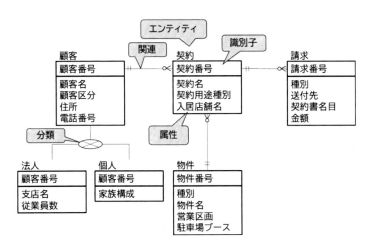

図 5.1 概念モデルの構成要素

(1) エンティティ

業務活動の中で扱う「モノ」を捉える. 例えば, 販売管理業務の場合「顧客」「商品」「受注」などである. これらをエンティティと呼ぶ. エンティティは業務上番号を振って管理する. 本節ではエンティティはイベントとリソースの2つのタイプに分けて扱う. イベントエンティティは,「受注」のように出来事を表し, 出来事が発生した日時を表す属性を持つ.リソースエンティティは,「顧客」「商品」などイベントエンティティ以外のエンティティである. エンティティは業務上重要な対象物であり, エンティティを捉えることは業務の What を捉えることになり, 業務の理解に役立つ.

(2) 属性

属性とは, エンティティに従属する情報であり, エンティティが持つ性質や特徴を表すものである. 例えば, 商品エンティティの属性は,「商品

93

名」「単価」「重さ」「サイズ」「色」などである.

　属性がどのエンティティに従属するかを確認することは，業務の意味を明確にする上で重要である．例えば，図 5.2 のように同じ「単価」でも商品エンティティに属している「単価」は，商品毎に決まる単価，すなわち「標準単価」であり，受注明細エンティティに属している「単価」は，受注時の商品毎に決まる単価，すなわち「販売単価」である.

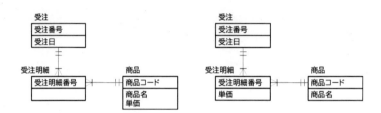

図 5.2　属性が従属するエンティティの違いで業務の違いを表現

　また，エンティティの中の 1 つ 1 つの実体 (インスタンス) を識別するために通常，番号やコードをつけて管理する．これら番号やコードのことを識別子という．例えば，顧客エンティティの「顧客番号」や商品エンティティの「商品コード」が識別子である．また，複数の属性の組合せが識別子になる場合もある．図 5.3 は，「口座」を 1 つ 1 つ識別するのに，「銀行コード」と「支店コード」と「口座番号」を使っている例である.

口座

| 銀行コード |
| 支店コード |
| 口座番号 |
| 口座名義 |
| 残高 |

図 5.3　複数の属性の組合せが識別子になる例

　このように，エンティティと属性の関係を明確にすることによりエンティティの持つ意味が明確になり，業務の理解に役立つ.

(3) 関連

　それぞれのエンティティの間には関連がある．この関連は業務の中の約束事として決まっている．例えば，「社員は部門に所属する」という業務の場合，社員エンティティと部門エンティティの間には「所属する」という関連がある．関連には多重度（カーディナリティ）と必須・任意（オプショナリティ）がある．「部門」と「社員」の間の「所属する」という関連において，「1 つの部門が何人の社員と関連を持つか」，「一人の社員がいくつの部門と関連を持つか」を表現するものを多重度という．また，「部門として成立するためには少なくとも一人の社員が必要」のように，1 つの部門の存在が一人の社員の存在が前提となる場合を「必須」，このような前提がない場合を「任意」という．図 5.4 に関連の種類と表記を示す．

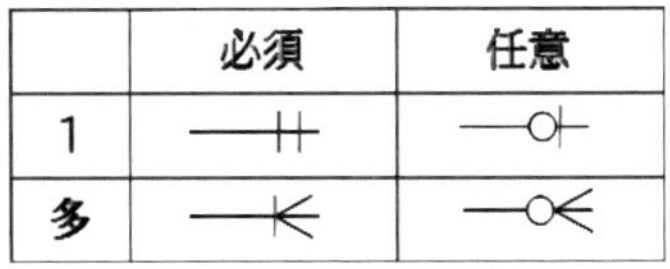

	必須	任意
1	—‖	—O⊦
多	—⧼	—O⧼

図 5.4　関連の種類と表記

　1) 多重度（カーディナリティ）

　多重度の違いによって表される業務上の意味が変わる．例を図 5.5 に示す．(a) は「1 回の注文に対して必ず 1 回の支払を行う」という業務を表す．(b) は「1 回の注文を何回かに分けて支払うことができる」という業務を表す．つまり，分割払いを取り扱っている業務となる．(c) は「複数の注文をまとめて支払うことができる」という業務を表す．つまり，一括払いを取り扱っている業務となる．(d) は「注文の単位と支払の単位が異なる」という業務を表す．つまり，リボ払いを取り扱っている業務となる．

95

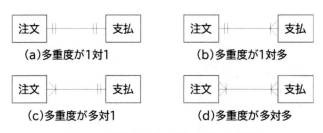

図 5.5　多重度の違いで業務の違いを表現

2) 必須・任意（オプショナリティ）

必須・任意の違いによって表される業務の意味が変わる．例を図 5.6 に示す．(a) は「一人も社員が所属していない部門はないし，どの部門にも配属されていない社員はいない」という業務を表す．(b) は「部門には必ず社員が所属するが，社員は一時的にどの部門にも配属されない状態がある」という業務を表す．例えば，新入社員は配属が決まっていないといった場合が考えられる．(c) は「社員は必ず 1 つの部門に配属されるが，社員を持たない部門が存在する」という業務を表す．例えば，抽象部門（いくつかの部をまとめた統括部など）が考えられる．(d) は (b) や (c) が同時に成り立つような業務を表す．

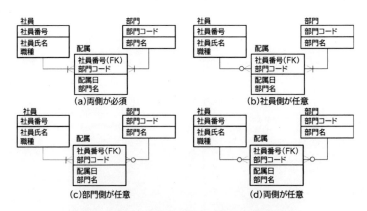

図 5.6　依存・非依存の違いで業務の違いを表現

　このように，関連は業務のルールを表現しており，関連を明確にすることは業務の理解に役立つ．

(4) 分類

　分類は，あるエンティティがいくつかの種類に分かれていることを表す．業務には「顧客が得意先の場合」「商品がオーダーメイドの場合」など，場合分けが存在する．「顧客」「商品」などのエンティティの分類を明確にすることは業務の理解に役立つ．分類を考えるときには，「等しい／等しくない／部分」を明確にして整理する．漏れなく重複なく分類し，分類したものにきちんと名前をつける．例えば，「得意先」というエンティティには「チェーン店」と「小売店」がある，というような場合は，図5.7 のように表現する．

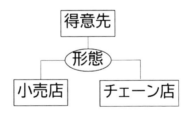

図 5.7　エンティティの分類

この図は以下の業務を表現している．

- 「小売店」は「得意先」の一種である
- 「チェーン店」は「得意先」の一種である
- 「得意先」を「形態」で分類すると，「小売店」と「チェーン店」のどちらかであり，それ以外の「得意先」はない

　また，管理対象の分類を考えるときには，意味の違いを捉えながら，同音異義や異音同義を整理する．異音同義は採用する名前と禁止する名前を決め使用する名前を統一する．同音異義は名前をどの意味で使用するかを

定義し，該当しない方には別の名前を付ける．例えば，図 5.8 のように管理対象を整理した場合，「顧客」と「取引先」は異音同義語なので，今後は「顧客」を使うこととし，「取引先」という用語は使わない，となる．類似用語を比較しながら検討することで，意味の違いや用語間の関係を把握しやすくなり，業務の理解に役立つ．

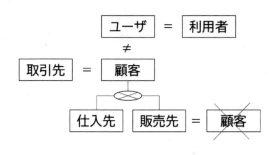

図 5.8　エンティティの整理

　このように，エンティティの分類も業務のルールを表現しており，分類に関連を引くことにより業務の違いが表現でき，業務の理解に役立つ．

　以上のように，概念モデル (エンティティ，属性，関連，分類) は現実世界を表すモデルなので，業務の可視化と理解に利用できる．さらに，エンティティは業務上重要な対象物 (What) であり，エンティティを中心に業務を捉えることは業務の骨格を押さえることになる．よって，概念モデルで対象領域 (問題領域) の本質的な構造や特性を捉えることができるので，短時間で業務概要や主要部分を理解することができる．

　業務理解や要求獲得の段階では，システム開発に繋げるデータ構造の設計ではなく，あくまでも業務を表現しているということを意識してモデリングをすることが重要である．本節では，概念モデルの書き方の詳細については触れていないため，必要に応じて専門書 [1, 2, 3] による学習が必要である．

5.3 業務を捉えながら概念モデルを作成する

5.3.1 背景

　概念モデルは，少量のドキュメントで全体概要が把握でき，実現手段 (How) の詳細に捉われることなく業務として扱うモノ (What) を整理しながら理解を深めることができるので，準備段階での概念モデリングは有効である．概念モデルを作成する方法としては，画面や帳票の項目をインプットにして正規化する方法がある．

5.3.2 課題

　概念モデルを作成するのに，画面や帳票の項目をインプットにして正規化する方法は，精度は高いが，本格的な要求獲得や要求分析を行なう前の準備として業務の全体概要や主要部分を把握するという目的においては時間が掛かる．短時間で業務の本質や主要部分を把握し概念モデルを作成していく方法が必要である．

5.3.3 解決策

　画面や帳票の項目から概念モデルを作成するのではなく，企業の活動や業務を捉え，捉えた内容を概念モデルに表現していくことで，時間を掛けずに業務の全体概要や主要部分を理解することができる．ここでは，企業活動や業務の捉え方や，捉えた内容を概念モデルに表現する方法を示す．

(1) 企業の価値提供活動を捉え，主要なエンティティを見つける

　企業は，何らかのモノ (原材料，部品，人員など) を調達して，価値を付加し，お客様に提供し対価をもらうという活動をしている (図 5.9)．本節では相手から調達して対価を払う活動 (図 5.9 の右側) を「価値受領の活動」と呼び，相手に価値を提供し対価をもらう活動 (図 5.9 の左側) を「価値提供の活動」と呼ぶことにする．

図 5.9　企業活動の根本

　以降，販売管理業務を例に説明を進めるので「価値提供の活動」が中心になる．

　まず，対価を得るために「どのような価値を，どのような相手に提供する業務なのか」を列挙する．例えば，「一般消費者に製品を販売する」「製品購入者に修理サービスを提供する」「法人にレンタルサービスを提供する」などが考えられる (図 5.10)．

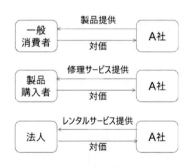

図 5.10　企業の価値提供活動の例

　列挙した価値提供活動から，主要なエンティティを捉える．図 5.10 の例では「一般消費者」「製品購入者」「法人」「製品」「修理サービス」「レンタルサービス」が主要なエンティティとなる．

(2) 主要なエンティティの種類を洗い出す

　次に，主要なエンティティの種類を洗い出し分類する．(1) で捉えた「相手」と「価値 (サービスや商品)」を分類を使って詳細化する．[5.1.3(4)

分類] で述べたように，管理対象分類図を使って「等しい／等しくない／部分」を明確にしながら漏れなく重複なく整理していく．例えば，「個人顧客があるのなら法人顧客もあるのではないか」と検討したり，エンティティの種類の組合せを考慮して「法人顧客にしか販売できない製品 (オーダメイド品) がある」などを検討し，必要に応じて種類を補完する．図 5.11 は顧客の種類と商品の種類を分類した例である．

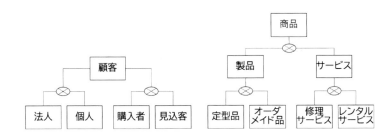

図 5.11　顧客の種類と商品の種類の分類例

(3) 価値提供のために相手と交わす「約束」となるエンティティを見つける

次に，業務が動き出すきっかけを見つける．これは価値提供のために相手と交わす「約束」と捉えると見つけやすい．例えば，「個人顧客に定型品を販売する」ときの約束は「受注」であり，「法人顧客にオーダーメイド品を販売する」ときの約束は「契約」であるというように考えることができる．この「受注」や「契約」が主要なイベントエンティティとなる．以降は「受注」をとりあげて説明する．

(4) 企業の価値提供活動を概念モデルで表現する

次に，これまでに見つかった主要なエンティティ (顧客，商品，受注) を中心に，業務上の意味を考えながらエンティティ間の関連と，各エンティティの主要な属性を明確にする．

顧客と受注の間には以下の関係があることから「顧客と受注の関連は 1

対多で多側が任意」となる.

- 1 人の顧客から何度でも受注を受け付ける
- 1 件の受注は 1 人の顧客からである
- 一度も受注していない顧客も顧客として扱っている

受注と商品 (定型品) の間には以下の関係があることから「受注と受注明細の関連は 1 対多，受注明細と定型品の関連は多対 1」となる.

- 1 回の受注で複数種類の定型品の注文を受け付けている
- 1 回の受注の内容は受注明細として記録している
- 1 件の受注明細を見れば 1 つの定型品が特定できる
- 1 つの特定品は複数回注文される

これらを概念モデルで表すと図 5.12 になる.

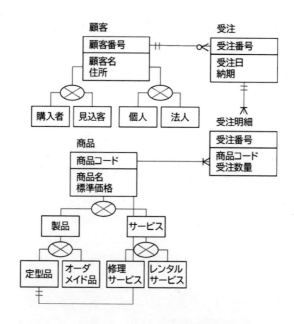

図 5.12　概念モデル（企業の価値提供活動の一部）

(5) 約束を履行するための企業の内部活動を追い、主要なエンティティを見つける

　次に，約束を履行するために企業内部でどのようなプロセスを経るかを追っていく．本例では約束は「受注」である．例として図5.13に「受注」を追ったときに経るプロセスを示す．「受注」を受け付けると，商品の在庫を確認し販売可能であれば「在庫引当」をし「受注確定」する．納期が来たら「出荷指示」を出し，倉庫から「出庫」し「配送」し，商品がお客様のところに「納品」される．このように「受注」から始まって約束が履行されるまでのプロセスを追って行くことが重要である．

図 5.13　企業の内部活動のプロセス

　企業の内部活動から，業務上管理すべきイベントをエンティティとして捉え概念モデルに書き足す．図5.13の例でいうと「在庫引当」「受注確定」「出荷指示」「出庫」「配送」「納品」がイベントエンティティである．これらイベントエンティティ間の関連を明確にする．複数の情報を束ねて処理することもあれば，1つの情報を分解して処理することもあるので，エンティティ同士の関連の多重度に気をつけながら概念モデルに書き足していく．

　受注と在庫引当の間に「1件の受注に対して，複数回に分けて在庫引当がなされる」という関係があるなら「受注と在庫引当の関連は，1対多」となる．受注と受注確定の間に「1回の受注に対する在庫引当がすべて完了したら受注確定となる．在庫切れにより受注確定できない受注もある」という関係があるなら「受注と受注確定の関連は，受注確定側が任意の1対1」となる．以下同様に業務上の意味を想定しながらエンティティ間の関連を明確にしていく．企業の内部活動のプロセスから抽出したイベントエンティティを補完した概念モデルが図5.14である．

103

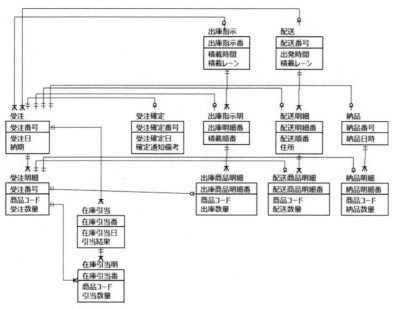

図 5.14　概念モデル（企業の内部活動から抽出したイベントエンティティを
補完）

(6) 約束を履行するために必要な企業の内部活動を概念モデルに追加する

　次に，各イベントエンティティを明確にするために関連するエンティ
ティを書き足す．配送時にどのトラックで運び，どのルートを通るかが決
まる．また，法人にはオーダーメイド品が販売できる．契約期間内にオー
ダーメイド仕様の製品を販売する．オーダーメイド品は在庫を持たない．
契約してから製造し，製造できたものから出荷する．これらの情報を追加
した概念モデルが図 5.15 である．

　業務の全体概要と主要部分を捉えるプロセスとして，企業活動の根本で
ある価値提供活動を捉え，そこから主要なエンティティを見つけ，企業内
活動を追って行く手順を示した．また，この手順に沿って概念モデルを作
成する方法を示した．この方法により，画面帳票項目の正規化に比べ短時
間で業務の全体概要と主要部分の概念モデルを作成することができる．ま
た，業務の骨を捉えてから枝葉を捉えるという順番でモデリングを進める

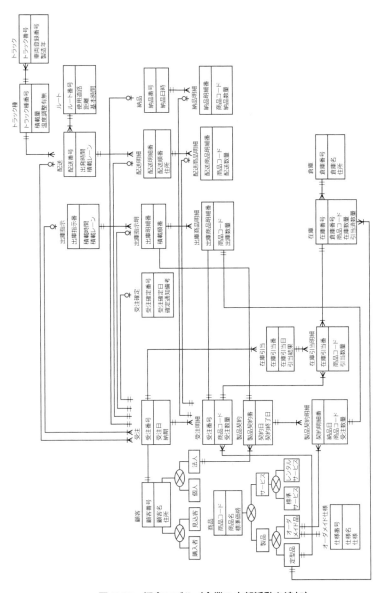

図 5.15　概念モデル（企業の内部活動を追加）

ので，業務の理解を促進することができる．

　今回示したパターンは，業務の全体概要や主要部分を把握し，短時間で
お客様と対話できる状態になることを目的としており，精緻な概念モデル
を作成する方法ではない．従って，ある部分を精緻に書き上げようとして
時間を掛け過ぎてしまい全体の把握がなかなかできないという状態に陥ら
ないよう，時間を考慮しながら進めることがポイントである．

5.3.4　適用例

　技術者は新規に受注したホテル予約管理システムの要求の取り纏めを担
当している．対象業務の範囲は，予約受付から請求までである．対象業務
についてステークホルダと会話できるだけの業務知識を得るために概念モ
デルで業務を整理することにした．

　はじめに，技術者はホテル業務ではどのような相手にどのような価値を
提供して対価を得ているかを考えた．「顧客に宿泊サービスを提供する」
「顧客に宴会サービスを提供する」「顧客にホテル関連の商品を販売する」
などを挙げた．ここから「顧客」「宿泊サービス」「宴会サービス」「販売
商品」を主要なエンティティとして捉えた．

　次に，技術者は主要なエンティティに各々どのような種類があるかを考
えた．

- 「顧客」には「宿泊サービス利用客」「宴会サービス利用客」「商品購
  入客」がありそれぞれは排他ではない
- 「宿泊サービス」「宴会サービス」「販売商品」から，サービスと販売
  という 2 つの形で価値を提供していると捉え，「商品」には「サービ
  ス」と「販売商品」があり，「サービス」には「宿泊サービス」「宴会
  サービス」があると考えた

これらを管理対象分類図で整理した (図 5.16)．

　次に，技術者はお客様の種類と商品の種類の組み合せから「宿泊客に宿
泊サービスを提供する」というパターンを選択し，このパターンは「予
約」という約束を契機に業務が始まると想定し，「予約」を主要なイベン
トエンティティとして捉えた．

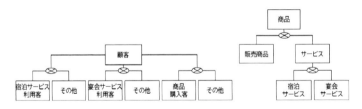

図 5.16 管理対象分類図（顧客、商品）

　次に，技術者はこれまでに見つかった主要なエンティティ（顧客（宿泊客），商品（宿泊サービス），予約）を中心に概念を整理することにした．

　予約に必要な情報を洗い出し，1回の予約で申し込める内容について整理した．

- 1回の予約で異なるタイプの部屋を複数申し込むことができる
- 「宿泊サービス利用客」については，予約をする人と宿泊する人は別でもよいと考え，それぞれ「予約者」「宿泊者」とした
- 一部屋に複数名宿泊する場合もあると考え，「利用者」は予約時の代表者指名，実際に宿泊する人を「宿泊者」とした
- 予約には「到着日」「出発日」「部屋タイプ」「予約者名」「利用者名」という情報が必要

このように業務を想定し概念モデルを作成した（図 5.17）．

　次に，技術者は「予約」から始まる一連の処理の流れを追っていった．予約を受け付け，予約に対して提供できる客室があるか確認して引当てる．すべての予約が引当てられたら予約を確定する．到着日が近づいたら予約に対して実際に使う部屋を割り当てる．到着日に宿泊客がホテルに到着したらチェックインし，付帯サービスを利用し，滞在期間が終わったら請求し，チェックアウトをする，という流れを想定した（図 5.18）．

　一連の流れから「サービス引当」「予約確定」「部屋割り」「チェックイン」「付帯サービス利用」「請求」「チェックアウト」を業務上管理すべきイベントエンティティとして洗い出した．これらのイベントエンティティを概念モデルに書き足した（図 5.19）．

107

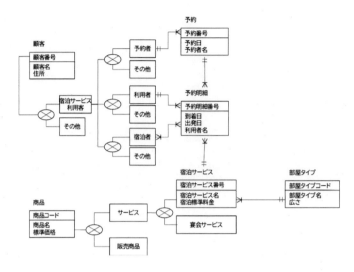

図 5.17　顧客，商品，予約を中心とした概念モデル

図 5.18　宿泊サービス提供の流れ

　この概念モデルのエンティティ間の関連は，業務を以下のように想定して記載している．

- 予約時には部屋タイプとその部屋数で申し込み，チェックインが近づいたら実際の部屋を割り当てる
- 予約のキャンセルなどがあるので，部屋割やチェックインが行われない予約がある
- すべての部屋に予約が入るわけではない
- チェックインは予約明細単位に管理する，すなわち，部屋単位で行われる
- チェックアウトはチェックインされた予約に対して必ず 1 回行なわれる
- ホテル代は部屋毎に精算することもできるし，複数部屋分まとめて精

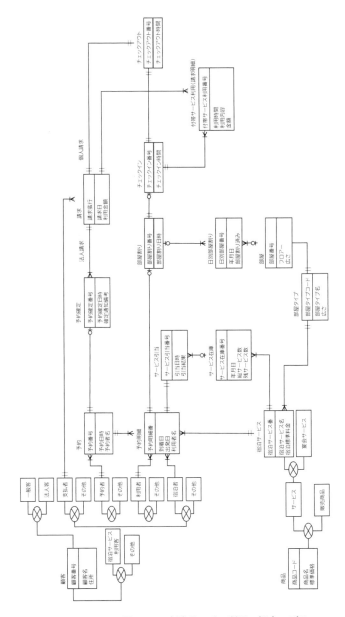

図 5.19　宿泊サービス利用の概念モデル

109

算することもできる

- 顧客が法人の場合は，後日請求が可能であり，まとめて会社に請求することもできる

このように技術者は概念モデルを使って業務の全体概要と主要部分について理解し，ステークホルダと会話できるだけの業務知識を得た．

5.4　理解した内容をステークホルダに確認する

5.4.1　背景

本格的な要求獲得や要求分析の準備として，想定も含めて理解した現状業務を概念モデルで表現した．自分の理解や想定が正しいかどうかをステークホルダに確認したい．

5.4.2　課題

概念モデルを読むには専門のスキルが必要だが，ステークホルダが概念モデルを読むスキルを持っているとは限らない．概念モデルで表現した内容が正しいかどうかをステークホルダに確認する方法が必要である．

5.4.3　解決策

概念モデルで表している業務内容を，概念モデルを使わずにステークホルダが理解しやすい別の方法で表現し，要求アナリストが理解した内容が正しいかどうかを確認する．

以下に，概念モデルを使わずに業務を説明する方法の例を示す．

(1) 絵でイメージを共有しながら業務を確認する

概念モデルが表す業務を，絵を使って説明する．図 5.20 左側の概念モデルは「指定された積載時間に，ある積載レーンに，どんな順番で，どの商品を何個準備するか」を示している．これを図 5.20 右側のような絵を使ってステークホルダに説明する．「1 日 3 回 9:00 と 12:00 と 15:00 に出

庫指示が出される．出庫指示に基づき出庫担当者は積載レーンに荷物を置く．積載担当者は積載レーンにとまっている配送トラックに荷物を積み込む．どの順番にお客様に届けるかが決まっており，その順番になるように荷物を積み込む．例えば積載レーン1では9:00に出庫作業を行う．トラックは，客a→客b→客cの順に配送するので客cに配送する商品から順に積載する．9:00の積載が終わったら次は12:00の出庫指示に基づき積載する」のように説明する．

このように絵で表現することで，概念モデルを使わなくても，概念モデルで表現したものと同等の業務内容についてステークホルダに確認することができる．

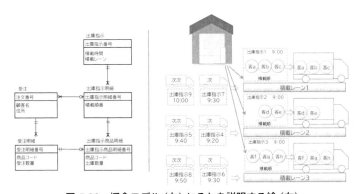

図 5.20 　概念モデル (左) とそれを説明する絵 (右)

(2) 画面・帳票でイメージを共有しながら業務を確認する

概念モデルが表す業務を，帳票イメージを使って説明する．図5.21左側の概念モデルは，図5.20と同じ概念モデルである．出庫指示に関連する情報構造を図5.21右側の帳票イメージを使ってステークホルダに説明する．「出庫担当者は出庫指示書に従って商品を倉庫から積載レーンに運ぶ．出庫指示書には，いつどの積載レーンにどの商品をどれだけ運ぶかが記載されている．9時にAレーンに商品を運ぶ．商品はオーダー番号に従って3つのかたまりに分けて置く．1つ目は商品コードSA01を100個と商品コードUS03を50個と商品コードZI77を200個であり，2つ

111

目は商品コード UA12 を 200 個と商品コード KT34 を 100 個と商品コード II01 を 100 個であり，3 つ目は商品コード SR05 を 50 個と商品コード AO98 を 100 個と商品コード CM65 を 200 個と商品コード SA01 を 50 個である．出庫指示書は積載時間ごと積載レーンごと (トラックごと) に作成される」のように説明する．

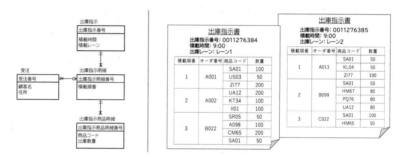

図 5.21　概念モデル (左) とそれを説明する帳票イメージ (右)

(3) 主要属性に具体的な値を入れて説明しながら業務を確認する

　概念モデルが表す業務を，概念モデルが持つ主要な属性とその属性の値を使って説明する．図 5.22 左側の概念モデルは，図 5.20 の概念モデルの一部である．出庫指示に関する情報構造を図 5.22 の右側のように主要属性に値を入れてステークホルダに説明する．「出庫指示番号 100 は，9 時に積載レーン 1 に商品を運ぶ出庫指示である．出庫指示明細は 3 件あり，積載順番で識別している．3 件はそれぞれオーダー番号と紐づいており，どのお客様へ配送する商品かが分かる．各お客様へどの商品を配送するかは出庫指示商品明細に記録されている．オーダー No001 の客 c には商品コード X を 100 個と商品コード Y を 500 個配送する」のように説明する．

　このように概念モデルに具体的な値を入れて提示するだけでも，ステークホルダに確認できることもある．

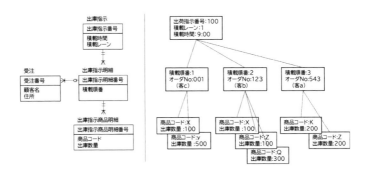

図 5.22　概念モデル (左) とそれを説明する属性と属性値 (右)

　要求アナリストが作成した概念モデル (図 5.23) をそのままステークホルダに確認してもらうのではなく，概念モデルで表現した内容を業務担当者が理解しやすい方法説明することで，ステークホルダは特別なスキルを要することなく概念モデルで理解した内容や想定した内容を確認できる.

　本節では，概念モデルを説明する具体例として 3 つの例を示した. この 3 つ以外にも考えられる. 業務担当者が理解しやすい表現を工夫して説明することが重要である.

5.4.4　適用例

　技術者は，現行業務理解のために作成した概念モデルの内容が正しいかどうかをステークホルダに確認することにした. ヒアリング対象者は概念モデルを読むことができないため，作成した概念モデルそのものをレビューしてもらうことはできない. そこで技術者は，概念モデルで表現した業務内容を他の方法を駆使して説明し，自分が理解した内容や想定した内容が合っているかを確認することにした.

　まず，概念モデルを書きながら気になった「部屋割り」と「請求」について確認することにした. 図 5.23 の図を作成し，部屋割りについて以下のような会話で確認した.

> 技術者：部屋割りは，日別に各部屋にどの予約を割り当てるかを決める業務です．例えば，4 月 3 日から 2 泊シングル 1 部屋の予約 Y001 に対して，シングルルーム 316 号室を割り当てるという認識で合っていますか？
>
> お客様：はい，その通りです．
>
> 技術者：予約状況によって同じ部屋で連泊できない場合はどうしていますか？
>
> お客様：日によって部屋が変更になるような割り当ても行っています．キャンセルが出れば同じ部屋に連泊できるように再割当てをしています．

部屋	部屋 タイプ	3/15	3/16	3/17	3/18	3/19	･･･
501号室	シングル	Y001	Y001	Y011			
502号室	シングル	Y002	Y008				
503号室	シングル		Y003	Y010			
504号室	シングル	Y004	Y005				
505号室	シングル	Y014	Y007	Y007	Y007	Y007	
601号室	シングル	Y006	Y014	Y014	Y014		
･･･							

図 5.23　部屋割の概念モデル (左) と確認に利用した図表 (右)

　次に，図 5.24 の図を作成し，請求について以下のような会話で確認した.

技術者：複数部屋まとめて予約した場合も，請求書は部屋ごとに発行されるという認識で合っていますか？

お客様：はい，その通りです.

技術者：この帳票イメージでは，ご宿泊人数が 2 名，ご利用者が亜留位様，お支払者が亜留位様となっています. このように宿泊サービスを利用する人の種類を区別していますか？

お客様：はい，区別しています. その部屋に宿泊した人を宿泊者と呼んで管理しています. いわゆる宿泊台帳です. 一部屋に複数名宿泊する場合，代表宿泊者をご利用者と呼んでいます. また，家族 4 人でいらっしゃって 2 人ずつ 2 部屋宿泊され，支払いは一括という場合もあります.

技術者：請求明細は，室料以外にインターネット利用料やルームサービス料などがあり，それぞれ利用した日の明細として計上されるという認識で合っていますか？

お客様：はい，合っています.

技術者：利用日付はどのように扱っていますか？

お客様：当ホテルではチェックアウトの 10 時で業務日付を切り替えています. 例えば，11 月 2 日の朝 7 時にルームサービスを利用した場合，11 月 1 日の宿泊の明細として計上しています.

技術者：利用料金の支払いはチェックアウト時以外にありますか？

お客様：お客様が法人の場合，事後請求や月次一括請求する場合もあります.

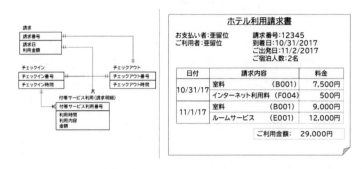

図 5.24　請求の概念モデル (左) と確認に利用した帳票イメージ (右)

　このようにして，技術者は自分が理解した内容や想定した内容をステークホルダに確認することができた．

参考文献

[1] 一般社団法人情報サービス産業協会 REBOK 企画 WG, 要求工学実践ガイド REBOK シリーズ 2, 近代科学社, 2014, 第 3 章 富士通における要件定義手法：Tri-shaping.

[2] 根本 和史, データモデリング基礎講座 データベース設計を楽しもう！, 翔泳社, 2001.

[3] 真野 正, 実践的データモデリング入門, 翔泳社, 2003.

第 **6** 章

非機能要求の獲得

6.1 はじめに

6.2 要求定義で獲得すべき非機能要求とは

6.3 非機能要求定義の進め方

6.4 非機能要求の落としどころ

6.5 適用例

6.1　はじめに

　非機能要求の検討は，システム設計に入ってから IT システムの有識者が苦労して実施している場合が多い．システム開発の要求定義では，業務的観点の強い機能要求の検討に多くの時間が割かれ，システム的観点の強い非機能要求については画面レスポンスの性能程度しか検討されず，システム設計に入ってから IT システムの有識者が苦労している場合が多い.

　一方，昨今のシステムにおいては、特に経営層や業務部門の間で「災害時の事業継続」「セキュリティ対策」「グローバル展開のための 24 時間 365 日運用」など非機能要求に対する関心が高まってきている．要求定義の時点でこのような非機能要求を獲得し，合意形成し，システム構築につなげていく進め方が必要になってきている.

　本章では，要求定義の時点で「非機能要求として何を決めなければならないのか」「それをどのように獲得するのか」そして「どのように決めていくのか」を解説する．なお，本章は，各パターンの適用例をまとめて，6.5 節に示すことにする.

6.2　要求定義で獲得すべき非機能要求とは

6.2.1　背景

　非機能が経営や業務にとって重要なものになり，要求定義として経営部門や業務部門と協力し非機能要求として合意形成しなければならなくなってきた.

6.2.2　課題

　要求定義の時点で非機能要求として何を決めなければならないのかが明確になっていないと，経験や勘に頼る方法になり，漏れ齟齬が発生し手戻りや障害が発生する可能性が高くなる．安定的な品質を確保するためには，要求定義で非機能要求として決めなければならないことを明確にしておく必要がある.

6.2.3 解決策

IPA が提示している，非機能要求グレードが役立つ.

非機能要求グレードの概要を以下に示す．詳細は IPA/SEC のホームページ [1] を参照願う.

非機能要求グレードは，可用性，性能・拡張性，運用・保守性，移行性，セキュリティ，システム環境・エコロジーの6大項目に対し，236 のメトリクスを要求定義の時点で明確にすべきと言っている.

非機能要求グレードのイメージを図 6.1 に示す．6 つの大項目は，34 の中項目に分類され，236 の小項目に詳細化されている（表 6.1）.

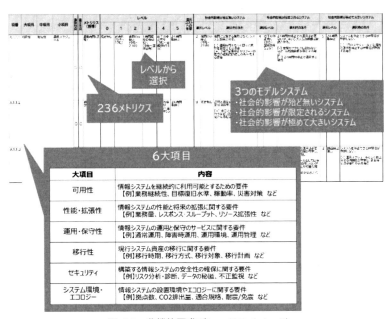

図 6.1 非機能要求グレードのイメージ

表 6.1　非機能要求グレードの項目

大項目	中項目	小項目
可用性	継続性	運用スケジュール、業務継続性、目標復旧水準（業務停止時）、目標復旧水準（大規模災害時）、稼働率
	耐障害性	サーバ、端末、ネットワーク機器、ネットワーク、ストレージ、データ
	災害対策	システム、外部保管データ、付帯設備
	回復性	復旧作業、可用性確認
性能・拡張性	業務処理量	通常時の業務量、業務量増大度、保管期間
	性能目標値	オンラインレスポンス、バッチレスポンス（ターンアラウンドタイム）、オンラインスループット、バッチスループット、帳票印刷能力
	リソース拡張性	CPU拡張性、メモリ拡張性、ディスク拡張性、ネットワーク、サーバ処理能力増強
	性能品質保証	帯域保証機能の有無、性能テスト、スパイク負荷対応
運用・保守性	通常運用	運用時間、バックアップ、運用監視、時刻同期
	保守運用	計画停止、運用負荷削減、パッチ適用ポリシー、活性保守、定期保守頻度、予防保守レベル
	障害時運用	復旧作業、障害復旧自動化の範囲、システム異常検知時の対応、交換用部材の確保
	運用環境	開発用環境の設置、試験用環境の設置、マニュアル準備レベル、リモートオペレーション、外部システム接続
	サポート体制	保守契約（ハードウェア）、保守契約（ソフトウェア）、ライフサイクル期間、メンテナンス作業役割分担、一次対応役割分担、サポート要員、導入サポート、オペレーション訓練、定期報告会
	その他の運用管理方針	内部統制対応、サービスデスク、インシデント管理、問題管理、構成管理、変更管理、リリース管理
移行性	移行時期	移行のスケジュール
	移行方式	システム展開方式
	移行対象（機器）	移行設備
	移行対象（データ）	移行データ量、移行媒体、変換対象（DBなど）
	移行計画	移行作業分担、リハーサル、トラブル対処
セキュリティ	前提条件・制約条件	情報セキュリティに関するコンプライアンス
	セキュリティリスク分析	セキュリティリスク分析
	セキュリティ診断	セキュリティ診断
	セキュリティリスク管理	セキュリティリスクの見直し、セキュリティリスク対策の見直し、セキュリティパッチ適用
	アクセス・利用制限	認証機能、利用制限、管理方法
	データの秘匿	データ暗号化
	不正追跡・監視	不正監視、データ検証
	ネットワーク対策	ネットワーク制御、不正検知、サービス停止攻撃の回避
	マルウェア対策	マルウェア対策
	Web対策	Web実装対策
システム環境・エコロジー	システム制約/前提条件	構築時の制約条件、運用時の制約条件
	システム特性	ユーザ数、クライアント数、拠点数、地域的広がり、特定製品指定、システム利用範囲、複数言語対応
	適合規格	製品安全規格、環境保護、電磁干渉
	機材設置環境条件	耐震/免震、スペース、重量、電気設備適合性、温度（帯域）、湿度（帯域）、空調性能
	環境マネージメント	環境負荷を抑える工夫、エネルギー消費効率、CO_2排出量、低騒音

　これら項目に対し定量的に表現するためのメトリクスを設けており，5
段階の「レベル」から選択できるようになっている．例えば，表6.2に示
すように「可用性」「継続性」の中の「運用スケジュール」には，「運用
時間（通常）」，「運用時間（特定日）」「計画停止の有無」という3つのメ
トリクスがあり，レベルが5段階や3段階で設定されている．表6.2は，
「性能・拡張性」や「セキュリティ」の例を示している．

　このようなメトリクスが236項目あり要件定義段階で非機能要求とし
て決めなければならない事を提示してくれている．

　また，非機能要求グレードでは，メトリクスが設定されているモデルシ
ステムが用意されている．

　モデルシステムとして，「社会的影響がほとんど無いシステム」，「社会
的影響が限定されるシステム」，「社会的影響が極めて大きいシステム」の
3つが準備されている．表6.3に「可用性」の例を挙げる．開発するシス
テムにもっとも近いモデルを選択し，開発するシステムとの差を確認しな
がら進めることにより，作業量，調整幅を少なくすることができる．

　経験や勘に依存するとその人のスキルにより作業量や品質にバラツキが
発生する．優秀な人はとても効率的，高品質の結果を出せるかもしれない
が，要求定義段階からの非機能要求の着手もまだまだ事例が少ない状況で
は，多くの人はそうはいかない．経験や勘に依存することなく非機能要求
を洗い出すにはガイドが必要であり，そのガイドが非機能要求グレードで
ある．

　非機能要求グレードで非機能要求の全てを決めることができるわけでは
ない．非機能要求グレードは，システム基盤に対する要求を基本としてい
る．これだけでも漏れ手戻り低減には十分役立つが，非機能要求の対象を
絞っていることに注意する必要がある．非機能の定義が明確に存在するわ
けではないが，JIS X 25010 品質モデル[2] が参考になる（コラム参照）．

表 6.2　非機能要求グレードのレベルの例

大項目	中項目	小項目	メトリクス (指標)	レベル					
				0	1	2	3	4	5
可用性	継続性	運用スケジュール	運用時間 (通常)	規定無し	定時内 (9時~17時)	夜間のみ停止 (9時~21時)	1時間程度の停止有り (9時~翌朝8時)	若干の停止有り (9時~翌朝8時55分)	24時間無停止
			運用時間 (特定日)	規定無し	定時内 (9時~17時)	夜間のみ停止 (9時~21時)	1時間程度の停止有り (9時~翌朝8時)	若干の停止有り (9時~翌朝8時55分)	24時間無停止
			計画停止の有無	計画停止有り (運用スケジュールの変更可)	計画停止有り (運用スケジュールの変更可)	計画停止無し			
性能・拡張性	リソース拡張性	CPU拡張性	CPU利用率	80%以上	50%以上80%未満	20%以上50%未満	20%未満		
セキュリティ	アクセス・利用制限	認証機能	管理権限を持つ主体の認証	実施しない	1回	複数回の認証	複数回、異なる方式による認証		

表 6.3　非機能要求グレードのモデルシステムの例

大項目	中項目	小項目	メトリクス (指標)	社会的影響が殆ど無いシステム		社会的影響が限定されるシステム		社会的影響が極めて大きいシステム	
				選択レベル	選択時の条件	選択レベル	選択時の条件	選択レベル	選択時の条件
可用性	継続性	運用スケジュール	運用時間 (通常)	2	夜間のみ停止 (9時~21時)	4	若干の停止有り (9時~翌朝8時55分)	5	24時間無停止
					夜間に実施する業務は限って、システムを停止可能。[-]運用時間をもっと限って業務を稼働させる場合 [+]24時間無停止や一部時間の停止のみを考える場合		24時間無停止までの運用は必要ないが、極力システムの稼働を継続させる。[-]夜間のアクセスは殆どないと言える場合、運用を停止する場合 [+]24時間処理事象が存在して、運用を24時間無停止で運用する場合		システムを停止できる時間帯が存在しない。[-]1日1回のスケジュールで定期的に運用を停止する時間帯が存在する場合

コラム　非機能とは

　非機能とは何であろうか．明確な定義は無く，機能以外は全部非機能と位置づけられているのが現実だ．

　非機能要求グレードは 2010 年に提示されたが，昨今は，iPhone の登場などにより，デザインや使いやすさといった満足性や快適性が求められるようになっている．機能ではないので，非機能として扱われる．このように，非機能に対する要求は時代と共に変わっている．

　ISO 品質モデルの動きも見逃せない．

　品質モデルとして ISO/IEC 9126 や JIS X 0129 が使われてきたが，2011 年に ISO/IEC 25010 として拡張された．同様に 2013 年にはJIS X 25010[2] として拡張されている．システム／ソフトウェア製品品質だけでなく，利用時の品質が強化されている．図 6.2 に JIS X 25010 における品質モデルの概要を示す．

図 6.2　JIS X 25010 における品質モデル

　このように，利用時品質が重要視されるようになってきたことが伺える．

　非機能要求グレードを導入するだけでは，非機能全てを考慮したことにはならないので注意が必要である．

6.3　非機能要求定義の進め方

6.3.1　背景

　非機能要求グレードでは，決めるべきメトリクスが 236 項目あり量が多い．さらに，技術的要素が強く経営部門や業務部門には判断が難しいものもある．例えば 6.1.3 で示した「性能・拡張性」の中の「CPU 拡張性」の中の「CPU 利用率」は，システムの特性や構成要素に関わるものなので，経営部門や業務部門には判断が難しい．

6.3.2　課題

　非機能要求グレードのメトリクスは，確かに要求定義の時点で定義しておくべき項目である．機能要求は，利用部門やオーナー部門が責任部門として主体的に要求定義を実施しなければならなかった．しかし，非機能要求は，経営部門や業務部門に決めてくれと投げ出しても全てを決めることはできない．経営層，業務部門，システム部門やベンダ企業が協調して効率よく要求定義していくための方法が必要になる．

6.3.3　解決策

　非機能要求グレードのメトリクスを検討すべき主となるステークホルダ別にカテゴライズし進め方を明確にする．富士通の要件定義手法 Tri-shaping[3] の進め方が参考になる．

(1) ステークホルダ別にカテゴライズする

　非機能要求を，検討する内容や検討対象のステークホルダによって大きく 3 つの領域に分ける．

- ビジネス領域：経営層や利用部門の関心の高い領域．ビジネスとしての要求として捉えるものであり，判断に困ったときのよりどころとなる重要な要求
- ソリューション領域：利用部門や運用部門の関心が高い領域．IT システムが提供するサービスに対する要求

- テクニカル領域：システム部門やベンダ企業が検討し提示していく IT 専門技術要素の強い領域．技術や構成要素に対する要求

　非機能要求グレードの大項目を上記 3 つの領域を意識し，再カテゴリ化した例を図 6.3 に示す．

	可用性	性能·拡張性	運用·保守性	移行性	セキュリティ	システム環境·エコロジー
ビジネス領域	業務特性/サービス時間					
	業務継続	業務量	業務連携		セキュリティポリシー	
			運用方針/内部統制			
ソリューション領域	業務復旧	拡張指針	運用監視	移行計画	情報セキュリティ	システム環境
		システム処理量	運用自動化	システム移行		設備規格
		性能目標	システム連携			
		性能検証指針	ライフサイクル			
			サポート体制			
			システム保守			
			システム復旧			
			システム運用環境			
			システム運用管理			
テクニカル領域	資源冗長化	資源拡張性	バッチ適用指針		セキュリティ対策	設備環境
	データ保護対策	帯域保障				

図 6.3　非機能要求を 3 層に分類した例

このカテゴリ化により，236 のメトリクスを，

- ビジネス領域：22 メトリクス
- ソリューション領域：166 メトリクス
- テクニカル領域：48 メトリクス

に分けることができる．

(2) 進め方を工夫する

1) ビジネス領域の進め方のポイント

　一番初めに獲得する．経営層や利用部門に対し，非機能要求を意識させず，基本的な業務の情報として獲得する．非機能要求として獲得すべき項目の例を表 6.4 に示す．

表 6.4　ビジネス領域の非機能要求獲得項目

要求の種類	確認項目
業務特性／サービス時間	サービス提供先（企業内、企業間取引、コンシューマ向けなど）
	サービス提供範囲（特定地域、国内、国外）
	サービス提供時間（通常・特定日 24時間365日）
	サービス特性（繁忙期・閑散期、月間、年間、年度）
	サービス利用者数
	サービス提供拠点数、利用端末数（人/端末）
業務継続	サービス継続範囲（対象業務範囲、計画停止有無、代替業務運用範囲）
	業務停止の許容度（単一障害、多重障害）
業務連携	提携先企業とのシステム連携有無
	提携先企業とのシステム連携方法や条件
業務量	サービス提供業務・取扱量
	サービス拡張指針（利用者数、対象業務）
運用方針／内部統制	サービス運用指針（運用範囲、場所、内部統制有無）
セキュリティ	セキュリティポリシー、リスク分析範囲、順守すべき社内規程・ルール・法令・ガイドライン等の有無

2) ソリューション領域の進め方のポイント

システム部門やベンダ企業が既存システムや類似システム，モデルシステムや最新技術情報を調査し基本的なたたき台を用意する．それらを基に，関係する利用部門や運用部門に対し，各検討項目を順次検討していく．

3) テクニカル領域の進め方のポイント

システム部門やベンダ企業の専門家がビジネス領域とソリューション領域の要求を受け取り，既存システムや最新技術情報などから情報を補完しながら提案していく．

　関係するステークホルダ別に獲得すべき非機能要求を分けることにより，236 のメトリクスの検討を関係者一同に会して闇雲に頭から行うことより，量的にも技術的にも各ステークホルダの検討難易度が下がる．また，経営者や業務部門，運用部門，システム部門，SI ベンダなどの役割を

示すことができ，協同して非機能要求を決めていく必要性を明示することができる．

　非機能要求の全てをゼロから決めるのは得策でない．新たな要求以外は，現行と同等でよいとか世間と同等でよいという場合が多い．非機能要求を主体となるステークホルダ別に分けたが，システム部門やベンダ企業が主体となって，現行システムやモデルシステム，類似システムを参考にしながら基本のメトリクスを提示していくことにより，利用部門の技術的難易度や作業負荷が低減できる．特に，ソリューション領域は，分割してもまだ 166 ものメトリクスを決めなければならない領域であり，システム部門やベンダ企業が支援するのが効果的である．

6.4　非機能要求の落としどころ

6.4.1　背景

　非機能要求はオーバースペックになりがちである．技術難易度，予算や期間，現状の実現レベルなどを考慮せず，性能は速いに越したことはない，セキュリティは高いに越したことはない，となってしまう．本当に業務がまわらないのか，運用が現実的なのか判断に苦しむ．さらに個々の非機能要求は「依存関係」「矛盾関係」「トレードオフ関係」になることがある．例えば，セキュリティ強化のために暗号化を適用しようとしたら性能が低下するといったトレードオフ関係などである．

6.4.2　課題

　個々に獲得した非機能要求間で不整合があり要求どおりに実現できず手戻りが発生する．また不整合が無くても，非機能要求を実現しようとしたとき，想定以上に費用や期間が掛かったり，技術的難易度が高く実現できなかったり，実現したものの業務が運用について行けなかったりする．過剰要求を見極め，落としどころを見つけ，合意形成しなければならない．

6.4.3　解決策

　非機能要求グレードで示された個々の非機能要求を獲得しただけで終わってはならない．個々の非機能要求を獲得した後に，非機能要求の重要性や緊急性などを明確にし，優先度を決め，個々の非機能要求間の不整合に対し，落としどころを検討し合意形成をとるというプロセスの実施が必要である．落としどころを検討するプロセスのポイントを以下に示す．

(1) 制約の明確化

　法令や組織規定，提携先とのインタフェースなど，要求を実現する上でのビジネス観点の制約や，利用するサービスや適用する製品など，技術観点の制約を抽出し，システム化や業務・システム運用に制限を与える条件を明らかにする．また，実際のプロジェクトの制約である，費用や開発期間（稼働日），体制（スキルなど）なども明らかにしておく．

(2) 非機能要求の重み付け

　制約を意識して，優先度を判断するため要求に重み付けをする．

　　　重要性：目的，目標達成のために必要な度合い
　　　緊急性：急を要するのか
　　　費用：実現するのにどれだけ費用が掛かるのか
　　　実現性：使用する技術が本当に実現できるのか．また，実現した仕組みを業務として運用可能かどうか．

(3) 優先度の明確化

　制約や重み付けをインプットとし，非機能要求全体を見ながら，優先度を明確にする．非機能要求に対し，「Must」「Need」「Want」「Hope」や，大，中，小というような大まかな判断を行う．判断に迷うものだけ，詳細に調査分析し正確なデータを基に判断するのが効率的である．

(4)「依存関係」「矛盾関係」「トレードオフ関係」の解消

　前述したようにセキュリティ強化のために暗号化を適用しようとしたら

性能が低下するといった，非機能要求同士の「トレードオフ関係」や他に
も「依存関係」「矛盾関係」を調べ，優先度を考慮し，どちらの要求を優
先して採用するか，変更があったものが実現可能か，実現困難であれば落
としどころはないかを検討し，不整合に決着をつける．

　「依存関係」とは，一方の非機能要求のメトリクスを増やしたら，他方
の非機能要求のメトリクスも増えるという関係にあることである．「矛盾
関係」とは，一方の非機能要求のメトリクスを実現しようとしたら，他方
の非機能要求のメトリクスが成り立たないという関係にあることである．
「トレードオフ関係」とは，一方の非機能のメトリクスを追求すれば他方
の非機能要求のメトリクスを犠牲にせざるを得ないという関係にあること
である．具体例は，6.4節　の適用事例を参照願いたい．

　制約を明確にし，重み付け（重要性，緊急性，費用，実現性）を行い，
優先度を明確にすることで，依存関係や矛盾関係，トレードオフ関係の判
断が可能になるとともに，過剰要求の見極めが可能になる．想定以上に費
用や期間が掛かったり，技術的難易度が高く実現できなかったり，実現し
たのは良いが業務が運用についていけなかったりすることによる手戻りが
低減できる．

　落としどころを検討するための勘所を以下に示す．

(1) 一律でメトリクスを決めない

　性能など，一律で目標値が1秒と決めないことである．ある特定の業務
は3秒でもかまわないと決めると，実現性も格段にあがり，費用なども抑
えられる．業務復旧やセキュリティなども，完全社内に閉じたシステムと
か基幹システムでないものも一律高い水準のものを求めないことである．
条件に応じたメトリクスを決めると有効である．

(2) 過剰要求を抑える

　一気に高度な仕掛けを実現し過ぎて現場がついていけないという事も注
意しないといけない．そのためには，現状の状況を抑える事が重要であ
る．現行のシステムのメトリクスを調査しそれを基準に，変えなければな
らないところを中心に検討を進めることを勧める．また，非機能要求グ

129

レードのモデルシステムを基準として考えるのも有効である．さらに，稼
動運用後にさらなる強化を進めるなど段階的なステップアップも考慮すべ
きである．

(3) 実際に体感してもらう

　性能などは，余裕があれば体感してもらう．現行業務のレスポンスが 3
秒で，目標値が 1 秒であったとしても，実際には 2 秒で充分速いと感じる
ことがある．体感させて合意形成をとるということも効果がある．難易度
の高い方式を検討するよりリスクは下がる．

6.5　非機能要求獲得の適用例

　技術者は，A 社販売システムの非機能要求のとりまとめの担当になり非
機能要求の獲得に着手した．このシステムは，インターネット上のサイト
からコンシューマーが商品を購入できるものである．
　技術者は，このシステムは，経営に影響が大きいシステムであるとの認
識から要求定義段階から経営層，業務部門と合意形成をとりながら進めな
いといけないと思い，要求定義での非機能要求をガイドしてくれる非機能
要求グレードをベースに進めることを決めた．
　まず，技術者は，非機能要求グレードにあるメトリクスを主となるス
テークホルダ別に「ビジネス領域」「ソリューション領域」「テクニカル領
域」3 つに分けヒアリングを開始した．

(1) ビジネス領域の非機能要求として経営層や利用部門から以下の要求を獲得した．
　以下に獲得した要求の一例を示す．

RE11:　サービス時間：「24 時間 365 日対応する」
RE12:　サービス拡張指針：「ビジネス拡大する．利用者数を 1.5 倍に
　　　　する」

RE13: サービス利用者数：「初期の月間利用者数は 10 万人を目指す」

RE14: セキュリティポリシー：「情報漏洩対策を講じる」

(2) 次に，ソリューション領域の非機能要求として利用部門や運用部門から以下の要求を獲得した．

以下に獲得した要求の一例を示す．

RE21: システム処理量：「ピーク時 2000 件/時のオンライントランザクションを処理する」

RE22: 性能目標：「現行の 2 倍のレスポンス性能を実現したい」
-入力系機能:1.5 秒
-検索系機能:1.5 秒

RE23: システム保守：「計画的に運用を停止して保守する」

RE24: 情報セキュリティ：「システムへのアクセスログを取得可能とする」

(3) 次に，テクニカル領域の非機能要求としてシステム部門と SI ベンダが協議させ以下の要求を獲得した．

以下に獲得した要求の一例を示す．

RE31: セキュリティ対策：「全てのサーバのアクセスログを記録する」

(4) 技術者は，一通り要求を獲得したあとに，主となるステークホルダに，制約，個々の要求に重み付け，優先度を明確にしてもらった．

(5) 次に，要求全体を見渡し，要求間に「依存関係」，「矛盾関係」，「トレードオフ関係」がないかを洗い出した．

「依存関係」があると分かったものは以下であった．

RE12: サービス拡張指針：「ビジネス拡大する．利用者数を 1.5 倍に

する」

RE13:　サービス利用者数：「初期の月間利用者数は 10 万人を目指す」

RE21:　システム処理量：「ピーク時 2000 件/時のオンライントランザクションを処理する」

　そこで，RE13:サービス利用者数：「初期の月間利用者数は 10 万人を目指す」と RE21:システム処理量：「ピーク時 2000 件/時のオンライントランザクションを処理する」はビジネス要求であるビジネスの拡大を考慮したものかを聞きだし，考慮していない事が判明したので，合意を得たうえで以下のように変更した要求を獲得した．

変更後 RE13:　サービス利用者数：「初期の月間利用者数は 15 万人を目指す」

変更後 RE21:　システム処理量：「ピーク時 2500 件/時のオンライントランザクションを処理する

　「矛盾関係」があると分かったものは以下であった．

RE11:　サービス時間：「24 時間 365 日対応する」

RE23:　システム保守：「計画的に運用を停止して保守する」

　そこで RE11:サービス時間：「24 時間 365 日対応する」はビジネス要求であり，優先度が高いため，RE23:システム保守：「計画的に運用を停止して保守する」を再検討し，以下のように変更した要求を獲得した．

変更後 RE23:　システム保守：「サーバを二重化し，計画停止は行わない」

　このとき，制約の 1 つである，予算との兼ね合いを検討しクリアできることも確認した．また，「トレードオフ関係」があると分かったものは以下であった．

RE22: 性能目標：「現行の 2 倍のレスポンス性能を実現したい」
-入力系機能:1.5 秒
-検索系機能:1.5 秒

RE31: セキュリティ対策：「全てのサーバのアクセスログを記録する」

そこで，関係者と実現性も含め検討し，以下のように変更した．

変更後 RE22: 性能目標：「現行の 1.5 倍のレスポンス性能を実現した
い」
-入力系機能:2 秒
-検索系機能:2 秒

変更後 RE31: セキュリティ対策：「クライアントのアクセスログを記録
する」

(6) 最後に修正した非機能要求全体の合意形成を行った．
非機能要求を獲得したときと同じ方法で主となるステークホルダ別に 3
つに分け変更点や優先順位に対して確認を行った．

技術者は，このように，「制約」を意識し，要求の「重み」や「優先度」
を考慮し，要求間の「依存関係」「矛盾」「トレードオフ関係」を解決し，
非機能要求の獲得ができた．

参考文献
[1] IPA/SEC, 非機能要求グレード, 2010
https://www.ipa.go.jp/sec/softwareengineering/reports/20100416.html .
[2] JIS X 25010(ISO/IEC 25010), システム及びソフトウェア製品の品質要求及び
評価 (SQuaRE) －システム及びソフトウェア品質モデル, 2013.
[3] 一般社団法人情報サービス産業協会 REBOK 企画 WG, 要求工学実践ガイド
REBOK シリーズ 2, 近代科学社, 2014, 第 3 章 富士通における要件定義手法：
Tri-shaping.

第7章

製品開発の要求獲得

7.1　はじめに

7.2　プロトタイピングによるステークホルダが
　　　納得する要求の断捨離

7.1　はじめに

製品開発をとりあげ，プロトタイピングに基づく要求獲得の進め方を解説する．

7.2　プロトタイピングによるステークホルダが納得する要求の断捨離

7.2.1　背景

製品は市場に出ていて実際に多くのエンドユーザに利用されており，多くの機能追加要求が上がっている．現状のエンドユーザの囲い込みや買い替えまた新しいエンドユーザの獲得を行うため，追加要求に対応した製品を継続的に開発する．例えば，既存サービスに対する定期バージョンアップや，製品の後継機種開発がある．

考えられるシーンとして「製品の開発を行うとき，製品に対する要求を開発部門や営業部門やサービス部門や企画部門や関連製品部門から取りまとめる．しかし，製品に対しそれぞれの部門の要求が多く，内容も多様化しており，製品開発期間や予算に入りきらない．」のような場面が考えられる．

7.2.2　課題

製品に関連するステークホルダが多く立場も様々で要求内容も多様であり，量も多いため開発コストや納期に対して要求が乖離する．また，必要な要求と不必要な要求が混ざっている場合もある．実際の製品開発においては様々なステークホルダから様々な要求獲得方法がある [1]．

1. エンドユーザからの要求獲得
   (a) 対象エンドユーザの定義とペルソナ分析
   (b) 販売現場／営業に対するヒアリング
   (c) 保守担当者に対する運用改善の聞き込み

  (d) ネットワーク上にある既存製品からの利用状況データの収集

  (e) 特定エンドユーザから受けた特別注文の分析

  (f) 特定エンドユーザの RFP の参照

 2. 生産管理者からの要求獲得

  (a) 生産プロセス技術の確認

  (b) 生産ライン稼動計画の確認

 3. 各ドメインの設計者からの要求獲得

  (a) 現状の設計内容の把握

  (b) 開発計画の確認

 4. 研究開発者からの要求獲得

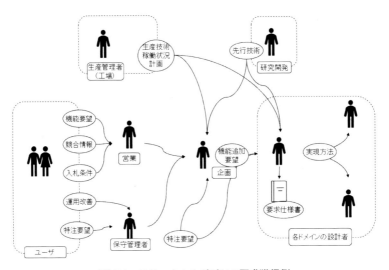

図 7.1 ステークホルダごとの要求獲得例

 これだけ様々な手法があり要求が獲得できる．しかし，ステークホルダが多様で要求の量が多くなる．様々な要求の中から本当に必要なものを見つける必要があるが，それぞれの要求の基準が分からず，ステークホルダ間の合意形成が困難である．開発者が各ステークホルダを納得させるための落としどころが分からなくなってしまう．

7.2.3　解決策

各要求の妥当性を確認する必要がある．実際に動作するシステムやソリューションを提供しそのフィードバックを基準とすることで要求の妥当性を確認する．

製品開発の継続的開発では，開発期間や開発リソースが限定されていることが多いため，まず集めた要求から必要性を仮定し，優先度高いものや実現可能性の高いものに絞る．

その絞った要求からプロトタイプを作成し，エンドユーザ環境へ提供する．エンドユーザが実際に使用した結果をフィードバックし妥当性を確認する．またこのフィードバックの中に更なる要求が含まれる場合がある．

提供方法の具体例として，新しい利用環境に対して試験的に導入し検証するような環境・期間を設け，実際に利用が想定される機能を組み込んだ上で個別に提供する場合がある．この場合のプロトタイプ種類は検証スコープや作成時の方針から考えると，実際に動作可能で，かつ再利用を前提としているため，垂直かつ進化型が近い [2]．製品開発では性能も合わせて検証を行う場合があるため，実際に動作させるものを提供する．

要求を実現したプロトタイプをエンドユーザが実際に使用した結果で妥当性を確認するため，要求の重要度や実現方法に対し各ステークホルダ間の合意形成が行いやすい．また製品の実動作で要求機能を確認するので，性能 (非機能要求) についても評価が可能である．実際に使用したことでより本質的で重要な要求を獲得できる．このような要求はすぐに実現可能であれば対応を行うほうが良いが，すぐに実現できない場合は次の製品開発時に優先度が高い要求になる．また実際の開発の費用対効果がどれだけあったかの評価が可能である．

7.2.4　適用例

特定エンドユーザで既に利用されている製品に対し機能追加要求があった．試験導入までの期間が既に決定していたが，企画部門と設計部門で機能追加要求の実現手段を検討したところ，各ステークホルダから挙げられたすべての要求を実現するには，試験導入までの期間の 3 倍以上の開

発期間が掛かることが分かった (図 7.2). そこで, 追加要求を試験導入の期間内に対応できるという基準で, 特定エンドユーザの想定動作に絞り, 各ステークホルダにプロトタイプに搭載する機能の合意形成を行った (図 7.3).

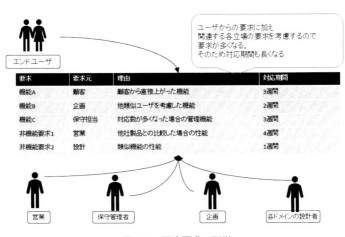

図 7.2 関連要求の列挙

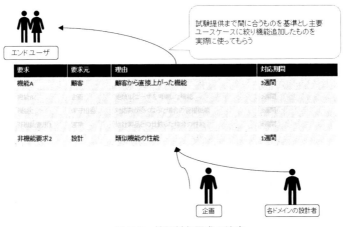

図 7.3 検証対象要求の決定

139

　例えば，動作モードを切り替える機能追加要求があり，エンドユーザの挙動から自動検知し自動でモードを切り替えるという要求があった．しかし対応工数が大きく期間内に対応できないことが想定された．そこで対応工数が小さい方法として，エンドユーザが手動で切り替える方式が上がった．エンドユーザの想定動作として，切り替え頻度は高くなく，手動で切り替える時の操作負荷も低かったことから，プロトタイプでは手動で切り替える方式を採用した．

　このように調整した結果，全ての要求を実現できてはいないが，主要なものについては期間内にプロトタイプとして対応し特定エンドユーザ環境に導入することができた (開発工数は当初の想定に比べ 60% 削減し，開発期間は 1/5 となった)．試験導入後エンドユーザから実際に使用した結果がフィードバックされ，プロトタイプの機能でも満足していることが分かった．このエンドユーザのフィードバックを基準とし，プロトタイプの要求が妥当であることを確認でき，各ステークホルダの間で合意形成ができた (図 7.4)．

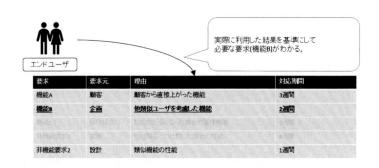

図 7.4　検証対象要求の決定

　例えば，プロトタイプで提供した手動切り替え機能は自動切り替えに比べ，操作の手間がある部分と切り替え操作に余計に時間が掛かる部分が懸念されていた．しかし，エンドユーザが使用したフィードバックでは，手

動切り替えでも切り替え完了までの性能は問題がないという結果になり，手動切り替えでもエンドユーザ要求は実現できていることが確認できた．

プロトタイプ向け要求や検証の視点

プロトタイプ向けの要求を決める視点の例は以下のようなものがある．

1. エンドユーザの視点
   (a) 主要ユースケース
   利用頻度が高いまたは重要なユースケースに関わる要求か．また要求によって期待できるユーザメリットが，プロトタイプ環境に効果的なものかを検討する．
   (b) プロトタイプ対象ユーザのペルソナ分析
   プロトタイプの対象となるエンドユーザのペルソナ分析を行い，そのペルソナの要求か，また影響がある要求かを検証する．
2. 開発者の視点
   (a) 提供期間，対応費用
   検証期間内で提供可能か，また提供に掛かる費用は想定内かを検証する．
   (b) 対象セグメントや狙いの市場との一致
   プロトタイプ向けの要求が対象セグメントや狙いの市場と一致しているか．例えば，ハイエンド向けの要求をローエンド環境に適応しても効果的に使われない．
   (c) 他製品 (他社) 対応情報
   他類似 (他社) 製品で既に実現している要求か．既に実現されている場合はプロトタイプで別途要求獲得する効果は薄い．

プロトタイプの検証の視点の例は以下のようなものがある．

1. 非機能要求
   プロトタイプで提供されている性能で問題ないか．
2. ユースケースと提供機能の妥当性

141

ユースケースにプロトタイプの機能が合致しているか，また別の
ユースケースでも使用されるか．
3. 提供機能の利用頻度
どれくらいの利用者に利用されるか，またどのような利用頻度で使
われているか．

　プロトタイプは短期間で作成されることが多く，品質面で制約が残る場
合がある．そのためセキュリティなど品質が重視される機能については，
プロトタイプの対応内容や保障範囲を明示する必要がある．作成したプロ
トタイプはエンドユーザに合わない場合もあるので，正式版には採用でき
ない可能性がある．また正式版に追加する場合は他エンドユーザにも対応
可能かどうかを検証する必要がある．プロトタイプの検証時に別の要求が
フィードバックされるが，プロトタイプの狙いとは異なる思いつきのよう
な要求が含まれる場合がある．
　プロトタイプ開発では要求の妥当性確認以外にも以下のような効果も
ある．

1. 要求と解決方法のブレをなくし，解決方法を決定すること
2. フィードバックや検証結果を得て，次の製品開発時の要求として活
かすこと
3. 実際に使ったことでより本質的な要求が獲得できること

　製品開発では，各ステークホルダが実際の全ての利用シーンを確認でき
ない．そのため開発者の想定する解決方法が実際のエンドユーザの要求か
ら乖離する場合がある．この乖離を解消するためにプロトタイプ開発を使
うことがある．また要求機能によってはハードウェアの動作にも影響があ
る場合があり，画面操作やソフトウェアだけでなく製品全体の動作で検証
するほうがより妥当性が得られる．
　実際の製品を利用したときのフィードバックの方法としては以下ような
の方法がある．

1. 製品内に蓄積されている利用データの収集による利用状況の分析
2. 販売店でのユーザからの状況収集

3.　カスタマーサービスによるエンドユーザへのヒアリング

参考文献

[1] 一般社団法人情報サービス産業協会 REBOK 企画 WG, 要求工学実践ガイド, REBOK シリーズ 2, 近代科学社, 2014.

[2] 一般社団法人情報サービス産業協会 REBOK 企画 WG, 要求工学知識体系, 近代科学社, 2011.

第8章

価値創出のための
モデリング技術への要求

8.1 はじめに

8.2 従来型の要求獲得の課題

8.3 イノベーションを加速するために必要な視
　　点

8.4 価値創出のためのモデリング技術への要求

8.1　はじめに

　本章と続く 9 章では，価値創出のためのモデリング技術について解説する．本章では，従来型の要求獲得技術の課題と，価値創出のためのモデリング技術に必要な要求を整理する．抽出した要求を，要求開発プロセスに対する，進化・拡張の方針と，関連する技術やテーマのキーワードに対応づけてまとめる．9 章では，価値創出のためのモデリング技術として，ユーザ視点で問題発見と解決策考案を具体化するためのデザイン思考の実践ノウハウ，ビジネスモデリング手法，アジャイル開発手法をとりあげて解説する．

8.2　従来型の要求獲得の課題

　図 8.1 に，要求定義に関する国際標準（ISO/IEC/IEEE 29148 2ndEdition, 以下 29148 と略す）[1] が示す要求のスコープの関係性を示す．また，図 8.2 に要求工学知識体系 REBOK に要求開発プロセスを示す [2]．29148 では，システム要求，ソフトウェア要求の根拠を明らかにし，真の顧客要求に合致しているかどうかを確認可能にすることを目指し，外界ニーズ，市場，組織，ステークホルダとの関係性を考慮し，要求のスコープを捉えることが示されている．REBOK において，要求定義は，要求の源泉であるステークホルダや関連文書を入力として，要求獲得，要求分析，要求仕様化，要求の検証・妥当性確認・評価のプロセスで構成される．また，要求の獲得状況に基づいて，これらのプロセスが反復され，ここで獲得した要求を入力として，システム構築のステップに進む，と定義されている．29148, REBOK が示すように，従来型の要求獲得は，技術者視点のみの解決策の開発が目的とされているわけではない．しかし，エンジニアリングが目指す 1 つのゴールとして，開発の工業化があり，対象業務やドメインに精通する一部の専門家でなくても，顧客にソリューションを提供する要求を合理的に獲得・仕様化し，システム開発へとスムーズに接続することが求められてきた．DX の社会実装のために

は，工業化を目指す狭い理解のままでは，望ましい要求獲得は困難である
と考えられる．

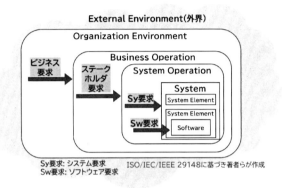

図 8.1　29148 のスコープ

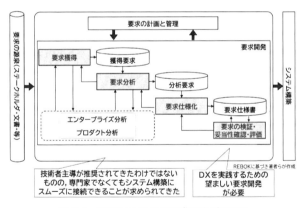

図 8.2　REBOK による要求開発プロセス

8.3　イノベーションを加速するために必要な視点

独創的なアイデアの創出や社会への問題提起を意識し，クリエイティ

ブな成果を生み出すための思考のフレームワークとして，Krebs Cycle of Creativity（KCC）が提案されている [3]．人間の代謝メカニズムでは，食事で採った栄養の一部が消化の過程でクエン酸回路に取り込まれエネルギーに代わる．KCC は，人の代謝メカニズムである「Krebs Cycle（クエン酸回路）」と呼ばれる化学反応のモデルにアナロジーを適用した，イノベーションを社会実装するための発想の循環モデルである．図 8.3 は KCC のモデルを図式化したものである．KCC は，Science, Engineering, Design, Art のドメインが絡みあうことで，創造性のエネルギーとなって循環される，としている．

　KCC は，例えば，自分自身（または組織）の位置づけを確かめ，時計回りや反時計回りに問い続けて，思考と行動を実行する羅針盤としての活用が有効である．要求獲得技術に関しては，従来は，Science, Engineering の視点での技術開発は盛んに取り組まれているものの，Design や Art の視点からのモデリング手法や適用事例は不足していると考えられる．従来型の技術主導を改め，視点を多様化する要求獲得技術を活用することで，従来の固定的な観念を解放して，新たな気づきを得て，イノベーションを加速するための新たな価値創造に向けたサービスの考案などが期待されている．

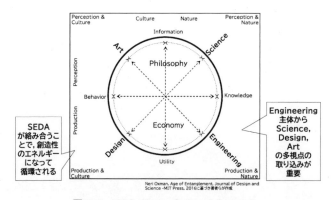

図 8.3　KCC: Krebs Cycle of Creativity

8.4 価値創出のためのモデリング技術への要求

　顧客の要求は，「品質向上」や「コスト削減」，「納期短縮」だけでなく，「使用する際の心地よさ，楽しさ」など，多様化している．繰り返しになるが，DX を実践するためのイノベーションの創出には，問題発見が必要である．例えば，「使用する際の心地よさ，楽しさ」に応えるなら，従来型のモデリング技術に加えた，新たな取り組みが必要である．新たな取り組みのアイデアとしては，前述したように，Design や Art の視点による，デザイン思考やアート思考による要求獲得が有効であると考えられる．

　ところで，DX 時代の新たなソフトウェア工学として，社会やビジネスのデザインのためにソフトウェア工学の領域を広げる，SE4BS（Software Engineering for Business and Society）が提案されている[1][4]．SE4BS は，ソフトウェアを「個人・社会・ビジネスのために，柔軟で創造的な未来の価値を生み出すもの」と捉え，その価値を生み出すためにエンジニアリングを適用するコミュニティと，コミュニティが実施する活動，コミュニティが生み出す成果物の総称である，と定義されている．SE4BS は，様々な価値をシステム＆ソフトウェアへトレーサブルに落とし込む，価値駆動プロセス，変換の連続を通じ可視化，段階的検証を可能にするモデルベースの考え方が特徴である．また，SE4BS では，Kant が人の根源的な心的要素としてとりあげている，知，情，意に基づいて，モデル，手法，プラクティスを分類している．

　SE4BS は，従来型の組織のプロセス標準を発展させて，さらに組織風土や個人のマインドセットに対してイノベーティブな行動に影響を及ぼす知見を共有しようとする取り組みと捉えることが可能で，価値創出のためのモデリングには，有効な取り組みであると考えられる．

　図 8.4 に，文献 [4] に提示された SE4BS の知情意による分類を示す．図 8.4 において，内側の円内がより有効に活用すべき技術になるように，技術や概念の名称などが配置されている．SE4BS による分類が示す重要な

1　https://se4bs.com/sites/

点は，環境や技術が複雑化，不確実化する中で，組織が変化に対応して事業を継続するためには知情意の 3 つの均衡を保ち，ソフトウェア工学とその周辺を捉えようとすることである．SE4BS は，従来型の組織のプロセス標準を発展させて，さらに組織風土や個人のマインドセットに対してイノベーティブな行動に影響を及ぼす知見を共有しようとする取り組みとして捉えることが可能である．

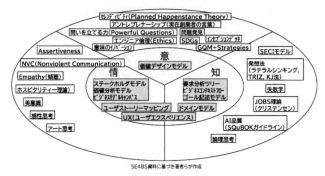

図 8.4　DX 時代の新ソフトウェア工学：SE4BS

　SE4BS を従来の要求工学プロセスの進化拡張に取り入れると，次のような対応が考えられる．

- 組織全体の意思決定/方向付けへの拡張の範囲の技術項目は，SE4BS の「意」の範囲に位置付けられる．
- 要求獲得の対象，データ，方法が多様化の範囲の技術項目は，SE4BS の「情」の範囲に位置付けられる．
- モデリングの高度化，AI/ML の活用やそのための要求獲得に関する技術項目は，SE4BS の「知」の範囲に位置付けられる．

進化拡張の方針の概念図を図 8.5 に示す．

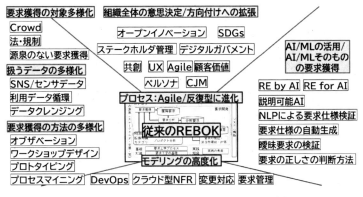

図 8.5 REBOK(DX 編) への進化・拡張の方針

図 8.5 は，図 8.2 の要求開発プロセスに対する，進化・拡張の方針と，関連する技術やテーマのキーワードに対応づけて記述したものである．主な進化・拡張の方針を以下に整理する．

- 要求開発プロセスは，ウォーターフォール型から，実際に動かし体験することで明らかになる要求を重視し，アジャイル型，反復型の要求獲得プロセスがより求められる．
- 要求獲得プロセスの実践では，社会に対する問題提起をするといった観点からの新たな要求を創成という意味での意思決定や方向づけへのアプローチが重要視されるべきである．
- 要求獲得の対象，扱うデータ，獲得方法が多様化している．一度のヒアリングのみで要求獲得することは困難であることを受け入れ，顧客に価値を提供できる機会を発見することが求められている．
- 開発や運用と一体化した要求獲得管理や，非機能要求と変更対応も含めたさらに高度な要求のモデリング手法が必要である．
- 高度なモデリングには，AI に基づく推論や自然言語処理技術を積極的に活用して，仕様生成・検証の自動化を取り込むことも有効である．AI や機械学習を活用したソリューションの提供が要求にもなることから，そのようなソリューションの要求獲得・仕様化・検証の技

151

術の開発のための技術も必要である．

- DX の実践には，問題提起，アイデア創出，プロトタイプ作成だけで は不十分であり，製品として具現化し，実社会で運用され，人々の行 動の変革に至るまでをやりきる能力が必要である．ソフトウェア工学 の重厚長大な開発プロセスの維持にはリスクはあるものの，組織のあ るべき姿をエンタープライズプロセスフレームワークとして理解し， 実現し，実践しきることが求められている．

参考文献

[1] ISO/IEC/IEEE 29148:2018, Systems and software engineering — Life cycle processes — Requirements engineering, 2018.
[2] 一般社団法人情報サービス産業協会 REBOK 企画 WG, 要求工学知識体系, 近代科学社, 2011.
[3] Neri Oxman, Age of Entanglement, Journal of Design and Science -, MIT Press, 2016.
[4] 鷲崎 弘宜, 萩本 順三, 濱井 和夫, 関 満徳, 井上 健, 谷口 真也, 小林 浩, 平鍋 健児, 羽生田 栄一, DX 時代の新たなソフトウェア工学（Software Engineering for Business and Society: SE4BS）に向けた枠組みと価値駆動プロセスの提案, 情報処理学会, 研究報告ソフトウェア工学, 2020-SE-204, No.17, pp.1-8, 2020.

第9章

REBOK(DX編)パターン

9.1 はじめに

9.2 ステークホルダへの提供価値をデザインする

9.3 製品開発で訴求効果のある機能を作りたい

9.4 新しいサービスを創出する

9.5 ユーザの体験価値をストーリーで考える

9.6 既販サービスを継続的に改善する

9.7 素早く作り，ビジネス価値を検証する

9.8 重要なステークホルダを見つけるには？

9.9 デザイン思考サイクルを高速化するにはチームでMVPをつくる勘どころがあるとスムーズ

9.10 デザイン思考サイクルを高速化するには価値の伝わる実装するMVPを早く見極める

9.11 新しいビジネスを構想する

9.1　はじめに

　第 8 章で示した REBOK への要求を満たすように，要求工学知識体系 REBOK を進化・拡張させた知識を REBOK（DX 編）と呼ぶことにする．

　REBOK（DX 編）の提供は，従来の REBOK のユーザに分かりやすい形態にすることが重要である．REBOK の利用者も多様化しており，対象案件，組織の状態，利用者が直面する課題などによって，求める技術や望ましい情報提供のあり方も様々である．そこで，多くの利用者に適切に情報が伝わるように，問題と解決策を対にした知識継承の方法である，パターン・ランゲージを用いて，ノウハウを記述する．

　REBOK（DX 編）では，パターン・ランゲージを用いて，各ノウハウを，タイトル，背景，課題，解決策，適用例により記述する．ここでは，表 9.1 に示す 10 個のパターンを提示する．各パターンは，用途に合わせて，料理のレシピのように，独立して利活用できる形式で記述されている．以降，各パターンについて解説する．

9.2　ステークホルダへの提供価値をデザインする

9.2.1　背景

　DX 実現や新規デジタルサービスは，多様なステークホルダが関与するエコシステムで実現するケースが多い．しかし，エコシステムを形成する際に参加者の利害が衝突し頓挫するケースも少なくない．

9.2.2　課題

　今までの要求獲得は顧客への価値提供を中心にデザインすることが多かった．しかし，DX で実現するサービスは，顧客だけでなく関係する全てのステークホルダへの価値提供を検討する必要がある．

表 9.1　REBOK(DX) 編パターン

No.	パターン名	説明
1	ステークホルダへの提供価値をデザインする	関係するあらゆるステークホルダの抱える悩み(課題)とその背景にある感情を分析し、ステークホルダにどのような価値を提供する必要があるのかをデザインする.その上で価値を提供するためのゴールを設定し、ゴールを達成するために必要な要求を洗い出す.ステークホルダの特定と各ステークホルダへの価値分析の方法を新たなプラクティスとして示す.
2	製品開発で訴求効果のある機能を作りたい	利用状況を示すデータを収集できる機能を製品に組み込む.データ分析に基づき、実際の利用方法や利用ユーザ数や使用しているソリューションを分析し、新機能の影響範囲を定量化する.
3	新しいサービスを創出する	顧客に価値を提供する機会を見つけるために、デザイン思考のプロセスに沿って、ペルソナ定義、ユースケースモデリング、カスタマージャーニーマップ、プロトタイピングを組み合わせて価値創出ワークショップを実施する.
4	ユーザの体験価値をストーリーで考える	サービスを利用するユーザの体験をストーリー形式で描くことで、ハイライトとなるシーンを明確化し、関係者間でサービスの提供価値を共有する.
5	既販サービスを継続的に改善する	ユーザーに愛されて長く使われるためには、ユーザの真のニーズをすばやくサービスに取り入れて、改善し続けることが重要である.何を改善すべきかを見極めるために、継続的に収集可能な定量データで改善ポイントの仮説を立て、ユーザインタビュー等の定性データで仮説を検証するというサイクルを定着させる.
6	素早く作り、ビジネス価値を検証する	Agile開発により短期間の開発とリリースを繰り返すことで、具体的なフィードバックから俊敏に要求を具体化する.
7	重要なステークホルダを見つけるには？	既存のシステムにおけるステークホルダをデータドリブンで見つける.対象となるシステムに蓄積されたデータ(イベントログ等)から、関連組織群とシステムの機能群の関わりを可視化する.
8	デザイン思考サイクルを高速化するにはチームでMVPをつくる勘どころがあるとスムーズ	ウォータフォールに慣れていると、最低限のつもりで提供価値を盛り込みすぎてしまうことがある.失敗から得られる経験は重要である.しかし、実際のプロダクトをつくるなかでの失敗は痛い.実際のプロダクトをつくる前に、体験を通して、ユーザが欲しいものは何か？そのためにチームの一員としてどう考え、行動することが必要かを疑似体験をとおして体感から理解をする.
9	デザイン思考サイクルを高速化するには価値の伝わる実装するMVPを早く見極める	何が欲しいかをユーザ自身がわかっていない場合には、デザイン思考サイクルを回して検証する必要がある.MVPとして、何を盛り込み、どのようにすればプロダクトやサービスの価値の伝わる実用最小限の製品とするか、その選択の見極める基準となるヒントを示す.
10	新しいビジネスを構想する	「ビジネスモデルキャンバス」を用いて新たなビジネスを構想するとき、他のツールを組み合わせて利用することでフレーム内に詳細に検討可能な方法を示す.

9.2.3　解決策

関係するすべてのステークホルダの抱える悩み（課題）とその背景にある文脈を分析し，どのような価値を提供する必要があるのかを洗い出す．その上で提供する価値がどのように連鎖・循環してサービス全体を構成するのかをデザインし検証する．

- 関係するすべてのステークホルダの抱える悩み（課題）とその背景にある文脈を分析し，どのような価値を提供する必要があるのかを洗い出すことで，価値分析を起点とする要求獲得が可能となる．
- 提供する価値がどのように連鎖・循環してサービス全体を構成するのかをデザインすることでビジネス検証 (価値/資金) ができる．
- 顧客だけでなく，関係するステークホルダへの提供価値を捉えることで，エコシステムでの WinWin の関係をデザインすることができる．

9.2.4　適用例

被災住民に蓄電池や EV 自動車の形で電気を届けるサービスプラットフォームを構築するという場面をとりあげて説明する [4].

<起きている社会問題>

近年頻発している台風や大雨，地震などの自然災害によって発電所や電力供給設備が被害を受け，大規模停電が発生すると日常生活に大きな支障をきたす．また，災害時に送配電線に被害を受けると停電も長期に及ぶ．

<解決策のアイデア>

災害時に被災住民に電気を迅速かつ的確に運ぶ仕組みをプラットフォームとして提供する．そのためには複数のステークホルダが協力するビジネススキームを実現する必要がある．

<デザイン方法>

最初に Onion Model[1] を使って関係するステークホルダを明確にする．次に VPC(Value Propositin Canvas)[2] を使って，それぞれのステークホルダが抱える悩み（課題）とその文脈を分析し，ステークホルダへ提供する価値をデザインする．最後に CVCA(Customer Value Chain Analysis)[3] を使って，ステークホルダ間の価値の連鎖や循環を確認し，サービスとしての実現性を検証する．

ステークホルダを洗い出す

最初に，ステークホルダのポジショニング (ビジネスにおける関係性) を明確化する必要がある．中心にビジネス主体者 (サービス提供者) を置き，その周辺にビジネスを実現するためのステークホルダ間距離を近い順に配置する．この図式化で，ステークホルダ間の関係性が明らかになる．これは後述するステークホルダ価値分析の優先順位にもつながる．

- Onion Model を使ってステークホルダの立ち位置の違いをリングで表現する．
- 各リングごとにビジネスに関係するステークホルダをすべて洗い出す．

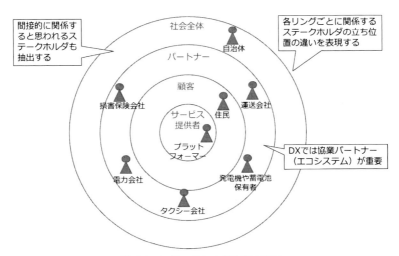

図 9.1 ステークホルダを洗い出す

ステークホルダの価値分析を行う

次に，VPC を使って関係する主要なステークホルダに提供する価値を分析する．この価値分析は，ステークホルダごとに実施する．住民のケースを図 9.2，発電機や蓄電池保有者のケースを図 9.3，運送関係者のケースを図 9.4，損保会社のケースを図 9.5 に示す．

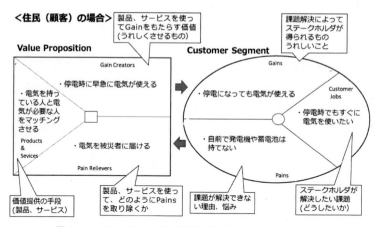

図 9.2　ステークホルダの価値分析を行う (住民のケース)

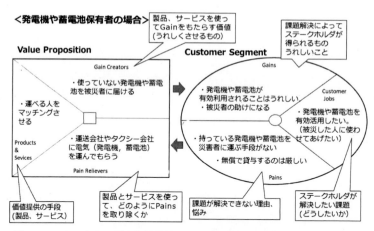

図 9.3　ステークホルダの価値分析を行う (発電機や蓄電池保有者のケース)

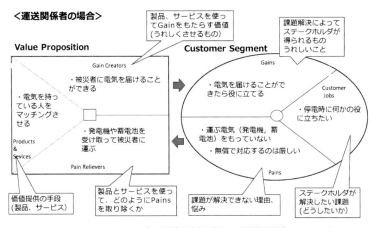

図 9.4 ステークホルダの価値分析を行う (運送関係者のケース)

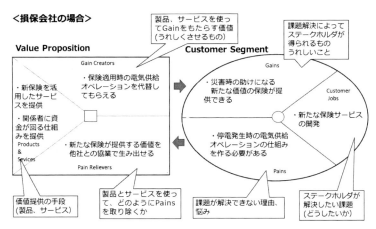

図 9.5 ステークホルダの価値分析を行う (損保会社のケース)

- Customer Segment は，ステークホルダの解決したい課題 (成し遂げたいこと)，それを阻む障壁 (問題)，解決した際の価値を明らかにする．
- Value Proposition は，ステークホルダに対し，サービス事業者が提

159

供する価値やその提供手段を洗い出す.

ステークホルダ間の価値の連鎖・循環を確認する

　VPC はそれぞれのステークホルダのみを観察しているため, ステークホルダ間の価値の流れ (連鎖) が見えないという欠点がある. そこで, CVCA を使ってステークホルダ間の価値の流れ, お金の流れ (お金も価値の 1 つ), 情報の流れを明示する. このことで, 以下の効果が期待できる.

- CVCA を使って各ステークホルダへの価値提供の連鎖ができているか検証する.
- ビジネス (価値/資金) として実現性があるか検証する.

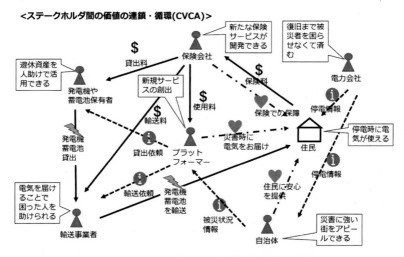

図 9.6　ステークホルダ間の価値の連鎖・循環を確認する

9.3 製品開発で訴求効果のある機能を作りたい

9.3.1 背景

継続的な製品開発を行っていて，新しい機能を入れてより製品価値を向上させたい．従来型の要求定義ではユーザの要求を引き出す方法は多いが，直接声を届けられないユーザの要求を分析する方法が少ない．

9.3.2 課題

いろいろな環境でいろいろな人が製品を使用しており，どんな環境で何の機能が使用されているか分からない．顧客からのヒアリング結果を優先すると，要求に偏りが出る場合がある．

9.3.3 解決策

実際に顧客環境で使用されている製品から利用状況を示すデータを収集可能にしておき，機能の利用率や使用しているソリューションなどを分析し，より訴求効果の高い機能が分かる．

広範囲で多く使用されている機能やソリューションが分かり，利用率も把握できるため，要求の偏りがなくなる．また，より効果的に機能の開発や要求の優先度付けが可能となる．

9.3.4 適用例

利用されている製品からセグメントごと (国別/ハイエンド・ローエンドなど) のソリューションや機能の利用率のデータを取得する．そこから各セグメントの製品に対し有効な機能を分析し，要求全体の開発順番を決定する．

以下，適応例を示す．適応前では市場規模全体を把握する情報がなく利用率が分からない (図 9.7)．実際の製品の利用状況や設定データを収集し，関連機能やソリューションの利用率を把握できると，新しい機能の利用率を予測することができる (図 9.8)．

161

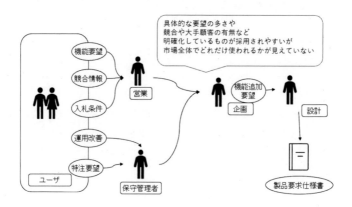

図 9.7　適応前の例

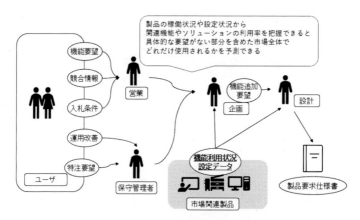

図 9.8　適応後の例

優先度を決定する例

　例えば, 製品開発計画 (表 9.2) と要求機能の利用予測 (表 9.3) から, 要求機能が必要となる順番を決定することができる.

表 9.2 製品開発計画の例

開発製品	セグメント	リリース時期	仕向け
製品1	ローエンド	2022/04	ASIA
製品2	ハイエンド	2023/04	世界共通

表 9.3 要求機能と利用予測の例

要求機能	市場関連製品数	有効セグメント	主な利用地域	開発順番
機能A	10000	ハイエンド	EU・US	2
機能B	8000	ローエンド	ASIA	1
機能C	3000	全体	全体	3

9.4 新しいサービスを創出する

9.4.1 背景

　顧客に「いいね！」といってもらえるデジタルサービスを考案しようとしている.

　従来の要求定義は，技術者主導でユースケース定義などの機能要求の定義が優先されてきた. 顧客の行動，考え，感情を考慮したモデリングは，従来の開発プロセスでは積極的に取り組まれていない.

9.4.2 課題

　開発者はどのようにして「いいね！」がもらえる要求定義をすれば良いか分からない.

9.4.3 解決策

　対象ユーザ（発注者）を巻き込んだワークショップを設定し，カスタマージャーニーマップ（Customer Journey Map ，以下 CJM と略す）を

用いて，ユーザの行動を洗い出し，考えや感情の整理を行い，「いいね！」につながる気づきを抽出する．また，抽出された気づきから，サービス提供につながるユースケースを考案する．

「新しいサービスを創出する」パターンの適用により，次のような効果が期待できる．

- 顧客の行動，考え，感情を考慮する要求定義により，技術者主導で機能定義から開始していた要求定義が改善される．
- 具体的なシーンで顧客の行動，考え，感情を考慮などの様々な側面から，サービス提供が行える機会の幅が広がる．
- CJM の作成や，顧客側の視点に立って考える習慣がつき，多様化する顧客のペルソナをパターン化しておけば，より幅広い顧客の視点でアイデアを創出することが加速される．

9.4.4　適用例

次の適用事例で本パターンの適用方法を説明する．

- 公共交通機関の遅延情報の通知方法を題材として，デザイン思考で利用者視点で要求を獲得する．
- 発注者と開発者によるワークショップを想定し，具体的なペルソナやシナリオシーンを決定して，CJM[6, 7, 8, 9] により分析を行う．
- ユースケース定義，プロトタイプ作成を経て，CJM によるモデリングを繰り返し，ソリューションの改善を図る．

具体的な進め方のプロセス例

図 9.9 に進め方のプロセス例を示す．これは，デザイン思考の 5 つのステップを（1）最初の共感，（2）創造，プロトタイピング，（3）ソリューションの考案に分けて，（1-1）から（3-2）の 7 つのステップに詳細化したものである．

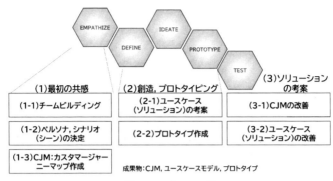

図 9.9　プロセス例

ペルソナの記述

　チームビルディング実施後，（1-2）において，ペルソナやシナリオを決定する．（1-2）では，ペルソナシートを用いて，ペルソナを定義する．定義したペルソナの記述例を図 9.10 に示す．ペルソナ定義では，典型ユーザが関心があることや，気になっていることなどを積極的に記述して，ペルソナ記述としてまとめる．チーム内でペルソナに対する具体イメージ像を統一化することで，この後のプロセスにおいて，具体的なシーンを想定した CJM をリアルに記述することに役立つ．

氏名	新宿花子	仕事の内容	金融系企業のSI部門にて保守サービスを担当	ビジュアルイメージ
居住地／出身地	東京都八王子市	ライフスタイル（趣味や休日の過ごし方）	ゲーム、音楽	
年齢or年代（必要に応じて）	20代	関心事／検索キーワード等	ライブ、コスメ、ポイント	
性別（必要に応じて）	女性	将来に向けて取り組んでいること	資格試験の勉強、投資	
職業	会社員	気になったり悩んでいること	健康	

図 9.10　ペルソナの記述例

165

CJM の記述例

図 9.11 に CJM の記述例を示す．CJM は，フェーズ，Action（行動），Opponent（顧客接点），Thinking（考え），Feeling（感情），Insight（気づき）で構成される．本例は，ペルソナが「通勤前の身支度をしている」場面で，加えて，遅延通知システムを利用している設定としている．図 9.11 の CJM では，場面を設定して，フェーズ，Action, Opponent を洗い出し，その過程での，考えや感情が抽出されている．開発者らは，これらの抽出をしながら，そのような感情になる要因や，考えや感情を解決するためのソリューションなどを，Insight として洗い出す．これらの抽出された Insight が要求の候補となる．

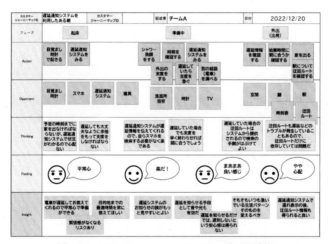

図 9.11　カスタマージャーニーマップの記述例

初期のユースケースモデルの例

CJM で洗い出した要求の候補に基づき，初期のユースケースモデルを考案する（図 9.12）．CJM で洗い出した Insight から自動的に，「遅延通知システム」とその改善案が浮かび上がるわけではない．実際には，CJM を記述しながら，チームで議論を重ね，Insight としてのソリューションの案の優先度を決定して，具現化すべきアイデアを提案する．

図 9.12 初期ユースケースモデルの例

プロトタイプの作成例

ユースケースモデルで表現したソリューションのアイデアを，プロトタイプの作成によって，具体化する（図 9.13）．これは，IoT 基盤である obniz[1] のホームキットを用いて，効率的に遅延通知システムのプロトタイプを実現した例である．本プロトタイプは，クラウドから列車の運行情報を取得し，利用電車の遅延が発生している場合には，旗をあげて，ユーザに知らせる．

本事例では，ペルソナに合致するユーザに，CJM に沿って，本プロトタイプを用いて実際に利用をしてもらい，利用者視点での気づきを収集している．

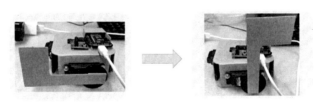

遅延がない状態　　　　　　　遅延が発生している状態

図 9.13 プロトタイプの例

改善ユースケースモデルの例

利用者から，迂回ルートの列車遅延に備えて，ウォッチする路線は複数設定した方がよい，という意見を得た．これは，利用者がある路線の遅延

1　https://obniz.com

情報を得たので，迂回路線の駅へ向かったところ，迂回ルートの方も遅延していたという，実際に直面した課題に基づいて，提案された内容である．

　新規に追加された要求を，モデルに追記し，改善ユースケースモデルを定義する．定義した改善モデルを，図 9.14 に示す．

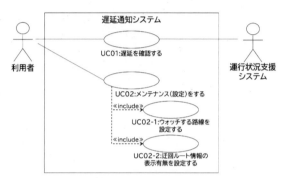

図 9.14　改善されたユースケースモデルの例

9.5　ユーザの体験価値をストーリーで考える

9.5.1　背景

　顧客に「いいね！」と言ってもらえそうなデジタルサービスを考案する．従来の要求定義は，ステークホルダーから得られた要求の文書化/仕様化が行われてきた．一方，要求として具体化する前の開発者の想像による仮説としての課題解決策（サービスアイデア）のレベルで，ユーザ視点の価値を可視化する技術は，従来の開発プロセスでは積極的に取り組まれていない

9.5.2　課題

　開発者はどのようにして考案したデジタルサービスの価値を関係者に分かりやすく伝えれば良いか分からない．

9.5.3 解決策

　考案したサービスの対象ユーザの目線で，解決する問題，解決方法，その結果を「イラスト」と，状況や心境を説明する「ナレーション」や「セリフ」が記載された数コマからなるストーリーで表現する.

- 視覚化によりコンセプトやサービス利用イメージを理解しやすくなる
- サービスアイデアを技術視点でなくユーザ視点で検討できる
- 描かれたストーリー/体験に「共感できるか」を聞くことで，アイデアの価値を評価できるようになる

9.5.4 適用例

次の適用事例で本パターンの適用方法を説明する.

- 「スマホで飲食店を予約するサービス」のアイデアを題材として，ユーザ体験のストーリーをイメージ化する
- サービスアイデアの発案者と関係者によるワークショップを想定し，ユーザの課題が解決するまでをストーリーにして描く
- ストーリーでサービスの価値を伝えることで得られたフィードバックをもとにサービスアイデアの改善を図る

ここでは，登場人物がサービスを利用して課題を解決するストーリーを作成するための簡易的な方法を 5 つのステップで紹介する.

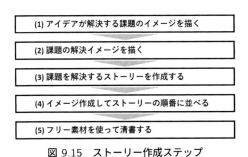

図 9.15　ストーリー作成ステップ

(1) アイデアが解決する課題のイメージを描く

　思いついたアイデアをもとに，まずは主人公となる登場人物（簡易的なペルソナ）と置かれている状況，および解決する課題を描く．課題が漠然としているときは，ブレインストーミングや KJ 法 [5] で主人公の困りごとを洗い出す．

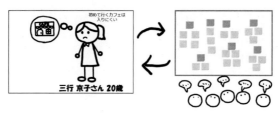

図 9.16　課題イメージ

(2) 課題の解決イメージを描く

　主人公のうれしさの視点や，アイデアのユニークな点に着目して，最終的に，どのような状況になるとよいか（なっていてほしいか）を検討する．イメージが曖昧な場合は「So What?（だから何？）」の問いかけで具体化する．

図 9.17　解決イメージ

(3) 課題を解決するストーリーを作成する

　課題を解決するまでにアイデアが活用されるシーンをブレインストーミングで考える．その中から，「うれしい」「楽しい」などのユーザの感情の

動きの大きさを想定してストーリーでとりあげるシーンを選ぶ.

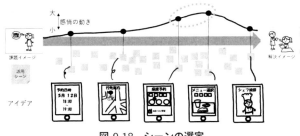

図 9.18　シーンの選定

(4) イメージ作成してストーリーの順番に並べる

　このステップでは，ステップ 1 からステップ 3 をもとにイメージを作成してストーリーの順番に並べる.

図 9.19　ストーリー構成

(5) フリー素材を使って清書する

　最後のステップでは，フリー素材を使ってステップ 4 で作成したストーリーを清書する．このようにして作成したストーリーを使って，サービスアイデアのユーザ視点の価値を伝えることで適切なフィードバックを得ることができる.

171

9.6　既販サービスを継続的に改善する

9.6.1　背景

ユーザに愛され長く使われるサービスを提供するために，リリース後も常にユーザの要求を獲得し，それに基づいてリリースし続ける必要がある．しかし，既販サービスへのエンドユーザからの要求は全社カスタマーセンターに集約されていて，開発現場に届くまでに時間を要する．新規サービスではビジネスや運用と開発を 1 つの組織やチームに集約してユーザの要求をいち早く開発現場にフィードバックすることを検討するのも 1 つの方策であるが，既販サービスでドラスティックに組織文化を変えることは難しい．従来の REBOK はリリース後の要求獲得の具体的な方法についてはあまり言及されていない．また，リリース後の方が要求獲得に掛けられる時間とコストが少なく，従来よりもライトな手法が求められる．

9.6.2　課題

既存の仕組みの中で，開発者はリリース後に要求を獲得する方法が分からない．

9.6.3　解決策

要求獲得を継続することで，いつでもユーザの要求を収集できるようにする．加えて，リリースする機能にメトリクスを設定し，その達成状況とユーザの声を元に，継続的にサービスを改善する．

常に要求を獲得し続ける手法の例：

- システムにログを仕込み，定量データをモニタリングする
- システムにフィードバック機能を組み込む
- サードパーティーのユーザのサービスに対する投稿を分析する

解決方法を適用することにより、サービスのコンバージョン率，アプリのストア評価，顧客維持率などの指標が向上すると共に，下記の効果が期待できる．

- リアルタイムな要求獲得により，サービス改善のスピード（リリース頻度）を上げることができる．
- ユーザがどのようにサービスを利用しているかが分かるようになり，仮説ではなくユーザから獲得した事実に基づいて改善できる．
- リアルなユーザの声を示すことでステークホルダを説得しやすくなる．

9.6.4 適用例

- Google Analytics/Heat map などでメトリクスを可視化する．以下にメトリクスの例を示す．
  - ・アクセス数
  - ・ミスタップ数
  - ・直帰率／離脱率
- システムにユーザからのご意見・ご要望フォームやアンケート機能を実装する．
- SNS でサービスについて発信された情報を収集・分析する．

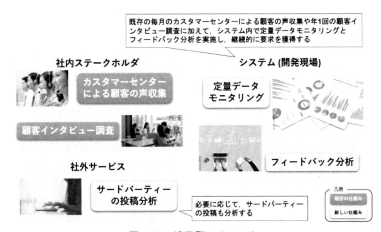

図 9.20　適用例のイメージ

9.7　素早く作り，ビジネス価値を検証する

9.7.1　背景

　要求の具体化が難しいながらもデジタルサービスの開発を求められている．近年，不確実性が高い世の中になってきており，誰にも正解が分かっていない．そのため高頻度で要求の変更・追加が発生する．だが要求を早期に凍結することを前提とするウォーターフォール型の開発では，要求の変更・追加を考慮しておらず，一度決めたことから変更することは困難である．また開発中に出てくる追加の要求の選択基準がないため，どの要求を採用したらよいのかわからない．要求工学知識体系 REBOK vol1.0 では，ソフトウェアプロセスモデルの一種としてアジャイルを紹介しているが，具体的にどのような状況で利用できるのかは述べられていない．

9.7.2　課題

　開発の進行中に発生する要求の変更や追加へ柔軟に対応することができない．また，どの変更要求や追加要求を採用すべきか分かっていない．

9.7.3　解決策

　アジャイルを採用し，価値の検証結果に基づき要求定義を行う．アジャイルにより，短期間での開発とリリースを繰り返すことができ，具体的なフィードバックを得ながら要求を具体化することができる．解決方法を適用することによる期待効果は以下である．

- 価値の検証の結果に基づいた要求定義を行うことで，ユーザが求める機能にスコープを当てることができる．
- プロダクトバックログアイテム (PBI) の状態を課題 PBI/開発 PBI で可視化することで，検討が必要な要求を明確化ができる．
- 課題 PBI から開発 PBI への状態変化のパターンを活用することで，PBI の詳細化を効率化できる．

9.7.4 適用例

スプリントの適用

考案したデジタルサービスの価値の検証を目的にアジャイルを適用し価値の検証結果に基づいて要求を具体化する．アジャイルの手法としては，スクラム [10] を採用する．スクラムのプラクティスの 1 つであるスプリント (図 9.21) を適用することで，最長でも 4 週間ごとに製品／サービスをリリースし価値を検証ができる状態となる．

図 9.21　スプリントのイメージ

プロダクトバックログの管理

要求は PBI として扱う．開発のなかでは，スプリントの中で PBI についてステークホルダの間で話し合い，より詳細な PBI に詳細化する [11]．

PBI の状態の管理

PBI の状態は開発 PBI，課題 PBI で管理する．開発 PBI，課題 PBI は以下のように判断する．

- 受入基準が具体化できるまたは作業量が見積もれる場合は開発 PBI.
- 受入基準の具体化に検討または調査が必要となる場合は課題 PBI.

PBI の状態変化

課題 PBI から開発 PBI への状態変化について変更，分割，反映，消滅，追加，統合の 6 種類のパターンに整理した．整理したパターンを図 9.22 に示す．これらのパターンを活用することで，PBI の詳細化を効率化できると考えられる．

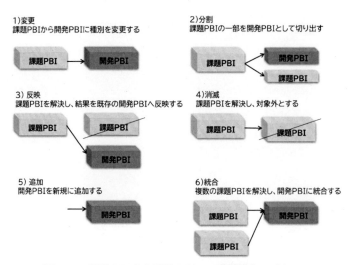

図 9.22　課題 PBI から開発 PBI への状態変化のパターン

実施事例（1 スプリントの中で課題 PBI の詳細化を含めて開発を実施）

　1 スプリントの中で課題 PBI の詳細化を含めて開発を実施した事例を図 9.23 に示す．この事例では，スプリント開始前までに要求を PBI に展開した．スプリント開始前に課題の検討を行い，課題 PBI を開発 PBI に変更した．そして 1 日目から 4 日目までに開発 PBI を実装した．また実

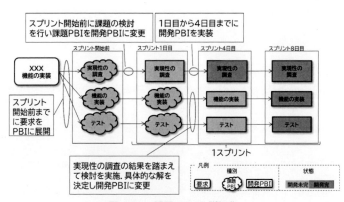

図 9.23　課題 PBI の詳細化

現性の調査の結果を踏まえて，機能の実装，テストの検討を実施．具体的な解を決定し開発 PBI に変更している．

9.8　重要なステークホルダを見つけるには？

9.8.1　背景

　DX を推進する上で，DX の対象となるシステム（例：企業の業務支援システム）における重要なステークホルダ（例：利害関係のある組織・担当）を見つけたい．

　従来の IT 企画工程では，既存システムの調査のために現場観察やインタビューなどが実施されるが，サンプリング調査が基本となる．一方，サンプリングされた調査対象の組織やインタビュー対象が，キーパーソンではない可能性がある．調査対象が，単に DX に協力的な組織なだけであったり，声が大きいだけの担当であったりすると，結果として，既存システムの理解が進まない，ミスリードが起きてしまう．

9.8.2　課題

　分析者（ビジネスアナリストなど）は，対象システムのステークホルダをどのように探せばいいかが分からない．

9.8.3　解決策

　対象となるシステムに蓄積されたデータ（システムの実行ログなど）から，重要なステークホルダを特定する [12]．
　本パターンの適用により，次のような効果が期待できる．

- 開発時の情報（運用開始時のマニュアル）と，運用から得られた情報で，情報の乖離がある（想定と異なっている）組織には，システムの暗黙知を有しているキーパーソン（重要なステークホルダ）を特定できる可能性が高い．

9.8.4　適用例

次の適用事例で本パターンの内容を説明する.

- 既存システムのマニュアルはあるが，実際に誰が（どの組織・担当が？），どのくらい当該システムを使っているのかが不明.
- システムに蓄積されたデータ（実行ログ，ユーザ情報）を分析して，対象となるシステムの重要なステークホルダを，データドリブンで識別する.

ステップ 1　既存システムのマニュアルから，システムの機能をどの組織が使っているのかを調査を実施（図 9.24 参照）

機能 / 組織（アクタ）	起案文書作成	起案	審査	承認	決裁
部門A	X	X	X	X	X
部門B	X	X	X		X
シェアドセンタ	X				

図 9.24　文書調査に基づくアクタ・機能対応表

ステップ 2　既存システムのログから，システムの機能をどの組織（アクタ）が使っているのかを調査を実施．文書調査の結果との乖離ポイントを 3 つ発見（図 9.25 参照）

ポイント①マニュアルに記載（権限付与）があるが実際は未操作の機能を発見

機能 / 組織（アクタ）	起案文書作成	起案	審査	承認	決裁
部門A	X	X	X	X	X
部門B		X	X		X
シェアドセンタ	X	X			
その他		X		X	X

ポイント③マニュアルに未記載のアクタ（組織）の発見

ポイント②マニュアルに未記載（権限未付与）の操作を発見

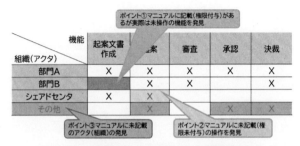

図 9.25　ログ調査により発見された乖離ポイント

ステップ 3　未記載のアクタの操作ログから，アニュアルに未記載でありながら，システムを利用していた組織を 3 つ（部門 1〜部門 3）を発見（図 9.26 参照）

組織(アクタ) ＼ 機能	起案文書作成	起案	審査	承認	決裁
部門A	X	X	X	X	X
部門B		X	X		X
シェアドセンタ	X	X			
部門1				X	X
部門2			X		
部門3					

マニュアルに未記載の組織が3つ発見

図 9.26　修正されたアクタ・機能対応表

9.9　デザイン思考サイクルを高速化するにはチームで MVP をつくる勘どころがあるとスムーズ

9.9.1　背景

　ユーザに使ってもらえるサービスをいち早くユーザに届けて検証しながら，デザイン思考のサイクルを回したい.

9.9.2　課題

　ユーザのニーズを満たす実用最小限の製品である MVP を創出する考え方や，MVP の創出，実験，検証を 1 サイクルとして繰り返して課題解決をしていくプロセスは，ウォータフォールと考え方が異なるため，ウォータフォールに慣れていると，座学だけで理解して実践することは難しい. 実案件のなかで学ぶという方法もあるが，デザイン思考のプロセスや考え方を経験しておかないとうまくいかない可能性がある. そこで簡単なテストプロジェクトなどで，MVP を絞り込む考え方や課題解決のプロセスに事前に慣れておきたい.

　ウォータフォール開発に慣れていると，デザイン思考のような仮説，実験，検証を繰り返して課題解決をしていくプロセスを知っていても，以下のようなことになりやすい

- 要件や機能を詰め込み気味になってしまったり，仮説生成に熟考して時間を掛け過ぎてしまい，一連のプロセスのサイクルを高速化することが難しい
- デザイン思考で大切な考え方である，ユーザにとって何がうれしいかよりも，自分たちの作りたいものを優先して作ってしまう

9.9.3　解決策

　実案件で経験を積むことも可能であるが，実践できるようになるまでには，ある程度の時間が必要とされる．また，実案件で実践して失敗すると，プロジェクトへの影響が大きい．

　経験を通してデザイン思考のプロセスを学び，慣れておくことで，実案件の成功率が高まる．

　そこで，ユーザが欲しくなる MVP の創出，実験，検証のプロセスを 1 サイクルとして，そのサイクルを繰り返す経験を，簡単なテストプロジェクトなどで経験をしておくとよい．

9.9.4　適用例

- 実案件で実践する前に，MVP の創出，実験，検証のプロセスのサイクルを，高速に回す考え方やプロセスを，擬似的なモノ・コトづくりをしながら学ぶトレーニングで身につける
- 具体例として，手芸用モールを用いた擬似的なモノ・コトづくりを通したトレーニング方法を示す

手芸用モールを用いたトレーニング方法

　手芸用モールを用いたトレーニング方法を以下に示す．本トレーニング方法は，ウォータフォールとデザイン思考の 2 つのプロセスで擬似的なモノ・コトづくりを行い，両プロセスを比較することで，考え方やプロセス

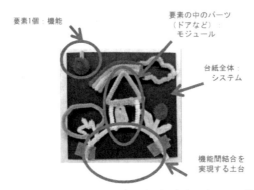

図 9.27　モールによるモノ・コトづくり（プログラミング）の再現 [13]

の違いを体験をして学んでいく．

期待効果

　トレーニング参加者は，ウォータフォールとデザイン思考の 2 つのプロセスを実践，ふりかえることで，下記を身につけることができる．

- MVP の創出，実験，検証を繰り返して課題解決するプロセスを早く回すには，MVP を素早く創出し，ただちにユーザに試してもらう必要がある
- ユーザに使ってもらえるサービスを実現するためには，機能満載ではなく，ユーザのニーズを満たす最低限の機能のみに絞り込むことが必

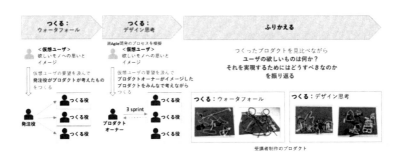

図 9.28　手芸用モールを用いたトレーニング方法 ([13][14] をもとに加筆)

181

要である
- ユーザのニーズを満たす機能を考案するためには，ユーザにとって何がうれしいのか，何が欲しいのかを常に考え続ける必要がある

9.10　デザイン思考サイクルを高速化するには価値の伝わる実装する MVP を早く見極める

9.10.1　背景

デザイン思考を適用したプロダクトを考え，早くユーザに試せるように MVP を絞り込みたいが，なかなか絞り込みが難しい.

9.10.2　課題

デザイン思考を適用したつもりだが，多くの機能を入れてしまいたくなり，考案したプロダクト案が，ユーザのニーズを満たす実用最小限の製品である MVP にならない.

MVP が Minimum に絞り込めず，多くの機能を提供しようとしてしまったり，提供する機能がユーザのニーズに合致していないことが多い.

9.10.3　解決策

実際にプロトタイプを作り込む前に，宣伝するためのシンプルな Web ページや，メイン画面でユーザに最初に何を見てもらいたいかを考えて，「これだけは必ず提供したい」というものに絞り込むアプローチをとる.

宣伝用のシンプルな Web ページや，メイン画面でユーザに最初に見てもらいたいことを想定することで，はじめに，ユーザに何を提供すべきかについて，絞り込んだ形で整理ができる. 適用例は省略する.

9.11 新しいビジネスを構想する

9.11.1 背景

今から2年後，5年後を見据えて，企業や顧客，社会のために価値を生み出すようなビジネスモデルを創造しビジネス戦略を立てたい．

9.11.2 課題

新しいビジネスモデルを構想しようとし，「ビジネスモデルキャンバス」[15] をツールとして利用するが，誰もが思いつくようなアイデアになりがちで DX 時代の事業戦略に落とし込めない．

「ビジネスモデルキャンバス」のツールを利用するが，ツールの枠組みに縛られ，そのフレームを埋めるだけとなり，検討が浅くなる．

9.11.3 解決策

「ビジネスモデルキャンバス」を用いて新たなビジネスを構想するとき，フレーム内を詳細に検討できる他のツールと組み合わせて利用することで検討を深堀していくことができる．

「新しいビジネスを構想する」パターンの適用により，次のような効果が期待できる．

- 顧客とは誰か，その顧客が求めていること，顧客に提供できる価値を中心に新しいビジネスを検討することができるようになる．
- 顧客に提供する価値が明確になり，市場参入の判断が行いやすくなる．
- キーパートナーや収益，コストという事業化に必要なビジネスの重要な要因も明確にできる．
- 現状と将来を描くことにより，変えなければならないことが明確になる．

9.11.4 適用例

スーパーマーケットを題材として，ビジネスモデルキャンバスをベース

183

に他のツールも併用して，新しいビジネスの検討を行う．

構想方法

　新しいビジネスの構想のポイントは以下である．

- ビジネスモデルキャンバスの重点ポイントとして「顧客セグメント」
  と「顧客価値」に焦点を当てる．
- ビジネスモデルキャンバス作成時に，バリュープロポジションキャン
  バス (VPC)[16] と SWOT 分析 [17] を並行利用する．
- ビジネスモデルキャンバス他のフレームを検討し，事業を検証する．

ビジネスモデルキャンバスの注力ポイントを図 9.29 に示す．

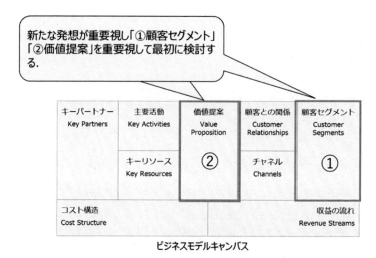

図 9.29　ビジネスモデルキャンバスの注力ポイント

　VPC を使って顧客セグメントと価値提供を検討する例を図 9.30 に
示す．

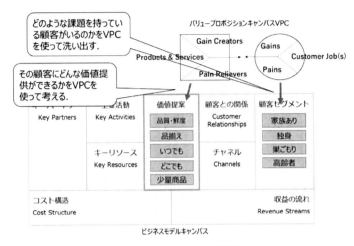

図 9.30　VPC の利用

SWOT 分析の例を図 9.31 に示す.

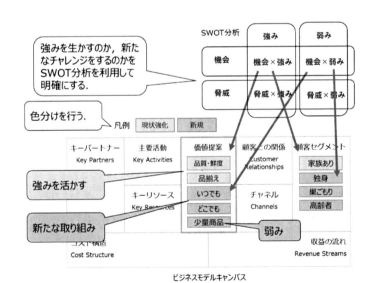

図 9.31　SWOT の利用

185

　　ビジネスモデルキャンバスの他の枠を検討し事業を検証する例を図
9.32 に示す.

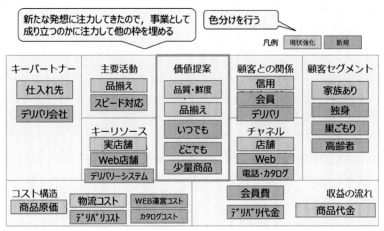

図 9.32　ビジネスモデルキャンバス上での事業の検証

参考文献

[1] Ian F. Alexander, A Better Fit – Characterising the Stakeholders, CAiSE'04 Workshops in connection with The 16th Conference on Advanced Information Systems Engineering, Riga, Latvia, 7-11 June, 2004.

[2] アレックス・オスターワイルダー他, Value Proposition Design, 翔泳社, 2015.

[3] 石井 浩介, 飯野 謙次, 設計の科学 価値づくり設計, 養賢堂, 2008.

[4] 新谷 勝利, 野村 典文, 鷲崎 弘宜他, DX 時代に必要なゴール指向のデジタルビジネス戦略・要求の枠組みに向けて, 情報処理学会ソフトウェア工学研究会, 2021-SE-207(41), 1-8, 2021.

[5] 一般社団法人情報サービス産業協会 REBOK 企画 WG, 要求工学知識体系, 近代科学社, 2011.

[6] Tim Brown, Change by Design, Revised and Updated: How Design Thinking Transforms Organizations and Inspires Innovation, Harper Business, 2019.

[7] Jaeyeon Yoo, Younghwan Pan, Expanded Customer Journey Map: Interaction Mapping Framework Based on Scenario, HCI (27) 2014, Part II. of Proc. of HCI International 2014, Springer, pp.550-555, 2014.

[8] James Kalbach, 武舎 広幸, 武舎 るみ (翻訳), マッピングエクスペリエンス カ

スタマージャーニー，サービスブループリント，その他ダイアグラムから価値を創る，オライリージャパン，2018.

[9] Mike West, People Analytics for dummies, For Dummies, 2019.

[10] Ken Schwaber, Jeff Sutherland, ScrumGuide, https://www.scrumguides.org/docs/scrumguide/v2020/2020-Scrum-Guide-Japanese.pdf, 2020.

[11] Kenneth S. Rubin, 岡崎 裕二, 角 正典, 高木 正弘, 数智 右桂（翻訳）, エッセンシャルスクラム :アジャイル開発に関わるすべての人のための完全攻略ガイド, 翔泳社, 2013.

[12] S. Saito, "Identifying and Understanding Stakeholders using Process Mining: Case Study on Discovering Business Processes that Involve Organizational Entities," in 2019 IEEE 27th International Requirements Engineering Conference Workshops (REW), Jeju Island, Korea (South), pp. 216-219, 2019.

[13] 田中, 斎藤: モールを用いたプログラミングによるアジャイルマインドの学習プログラム; 情報処理学会デジタルプラクティス, 11(2), pp. 307-321, 2020.

[14] Takako Tanaka, Shinobu Saito, Yoichi Kato. Do Pipe Cleaners Help Software Engineers to Understand Agile Mindset?. Conference on Software Engineering Education & Training (CSEE & T), 2020.

[15] アレックス・オスターワルダー, イヴ・ピニュール, 小山 龍介（翻訳）, ビジネスモデル・ジェネレーション ビジネスモデル設計書, 翔泳社, 2012.

[16] アレックス・オスターワルダー, イヴ・ピニュール, グレッグ・バーナーダ, アラン・スミス, 関 美和（翻訳）, バリュー・プロポジション・デザイン, 翔泳社, 2015.

[17] 伊藤達夫, これだけ! SWOT 分析, すばる舎, 2013.

第**10**章

要求獲得技術の新しい波

10.1　はじめに

10.2　REBOK(DX) 編へのさらなる要求

10.3　REBOK(DX) 編の拡張イメージ

10.1　はじめに

　本章以降は，さらにインパクトのあるソリューションの考案を実現する
ための要求獲得技術の新たな萌芽について解説する．例えば，コロナ禍が
きっかけとなり，リモートによる要求獲得ワークショップの機会が増加し
ていることを考慮した，メタバースや表情分析ツールの活用による新たな
要求獲得ワークショップの実践技術，技術者個人が感性を高めて新たな問
題提起が可能となるヒューマンスキルを高める，アート思考に基づく要求
獲得手法について解説し，今後の要求獲得技術を展望する．

10.2　REBOK(DX)編へのさらなる要求

　図 8.5 に，従前の REBOK の拡張版である REBOK（DX）編が対象に
している，技術に関するキーワードを，従来型の要求開発プロセスに結び
付けて示した．従前の REBOK と比較すると，社会にインパクトを与え
る「問題発見」や「価値創出」を重視した，DX の社会実装をスムーズに
実践するための技術が注目されていることも述べた．
　ところで，新型コロナウィルス感染防止対策のため，リモートワークが
定常化している．要求獲得の場面も，リモート環境での実施頻度が増加し
ている．リモートによる要求獲得ワークショップの利点の 1 つとして，参
加するステークホルダらの移動時間や空間の制約を考慮する必要がない
ことがあげられる．そのようなワークショップをサポートする様々な IT
サービスが提供されている．その 1 つとして，メタバースの活用があげら
れる．メタバースを活用した新たな要求獲得ワークショップの実施方法
の具体化や，メタバースそのものの要求獲得方法の具体化が求められて
いる．
　また，リモートでのコミュニケーションでは，声だけのやりとりになる
ことも多く，相手の表情が分かりにくく，要求が曖昧になるという，新た
な課題も発生している．このような課題の解決のために，非言語要求の取
り扱いの検討や，表情分析ツールの活用方法の検討が重要である．いずれ

にしても，リモートによる要求獲得ワークショップが，対面形式と同等以上の効果を得ることも期待されている．IT サービスを有効活用した，要求獲得手法の具体化，詳細化が求められている．

　エンジニアリングとデザイン思考はいずれも，課題を解決して実践することを目的とし，イノベーションを起こす圧倒的な起爆剤になるような「問題提起」をすることに軸足は向いていない．図 8.3 の KCC の思考のプロセスにおいて，従来型の課題解決アプローチとは異なる新たなアプローチの創出の可能性への期待から，「アート」思考の導入が特に注目されている．イノベーションを実践するために，技術者個人が感性を高めて新たな問題提起が可能となるスキルの重要性も指摘されている．創造性や感性を高めるためのアート思考を取り込んだ人材育成や，アート思考を従来の要求獲得手法と融合させるなどの具体化が重要である．

10.3　REBOK(DX)編の拡張イメージ

　図 10.1 に，REBOK(DX) 編がカバーする要求工学の技術分野の今後の拡張方向のイメージを示す．図 10.1 において，図 8.5 の差分は，非言語要求，メタバース，デザイン思考における GX（Green Transformation），アート思考における感性の強化である．前述したように要求獲得の対象が多様化し，今後は非言語要求の取り扱いがさらに重要になると考えられる．また，要求獲得の場としても，新たなソリューションのプラットフォームとしても，メタバースの活用が重要である．また，デザイン思考とアート思考の融合に関する技術は今後さらに必要となると考えられる．例えば，GX 領域へのデザイン思考の実践ノウハウや，アート思考に基づく技術者の感性強化など，新たな側面へと広がりが期待される．

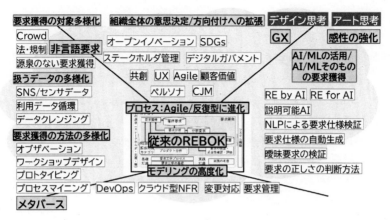

図 10.1　さらに広がる REBOK(DX) 編がカバーする要求工学の技術分野

　以降，11 章〜12 章では，デザイン思考の実践，非言語要求の獲得，メタバースでのワークショップ，アート思考をとりあげて，要求獲得技術の今後の展望について解説する.

第11章
デザイン思考の実践

11.1　はじめに

11.2　要求工学プロセスにおける成果物とデザイン思考

11.3　プロトタイピングとデザイン思考

11.4　プロトタイピング活用によるデザイン思考と従来型要求獲得手法の連携手法

11.5　GX とデザイン思考

11.6　非言語要求を可視化する拡張 CJM と要求獲得

11.1　はじめに

　要求工学プロセスにおいて，デザイン思考を実践する具体的な方法について解説する．はじめに，要求工学とデザイン思考によるモデリングの過程で作成する成果物の視点から，それぞれの関係性を整理する．デザイン思考のプロセスでは，プロトタイプを作成し，ユーザ視点で課題を洗い出し継続的に改善を繰り返すことが想定されている．プロトタイピングは従来型の要求獲得でも利活用される手法である．プロトタイピングに着目し，従来型要求獲得プロセスの中でデザイン思考をより効果的に実践するためのプロトタイピングのノウハウについて解説する．また，デザイン思考をグリーントランスフォーメーションの領域で実践している例について紹介する．

　デザイン思考による要求獲得では，CJM が良く利用される．様々なテクノロジーを活用してより効果的な要求獲得を行うには，ユーザの非言語要求にも注目することが重要と考えられる．本章の後半では，非言語要求の獲得とカスタマージャーニーマップに非言語要求を融合させる融合方法について検討する．

11.2　要求工学プロセスにおける成果物とデザイン思考

　Hehn らは，デザイン思考と要求工学による開発プロセスで作成される成果物を比較分析し，それを統合してデザイン思考と要求工学による接続性を示す成果物モデルを提供している [1]．

　図 11.1 に，提示された成果物モデルの一部を示す．なお，図 11.1 は，Hehn らの提案内容に基づき，著者らにより成果物の対応関係を記述したものである．図 11.1 に示すように，デザイン思考によって作成される成果物が Context Layer に示され，従来型の要求工学プロセスによって作成される成果物が Requirements Layer に，システム開発全体で共有される成果物が System Layer に定義されている．

　提案されたモデルでは，Context Layer には，Persona，Customer Journey，Low-Fidelity Prototype，Medium-Fidelity Prototype があり，Requirements Layer には，High-Fidelity の Prototype，Usage Model，Service Model がある．これらの成果物が，デザイン思考と要求工学プロセス間の橋渡しの役割となり，デザイン思考によるユーザ中心の開発作業と，機能中心・技術中心の要求工学型による開発作業を結びつけることが提案されている．

Context Layer		Requirements Layer	
Define	Design Challenge/Project Scope, Constraints/Constraint & Rules, Business Model/Case, Stakeholder Map/Stakeholder Model, Objectives & Goals, Domain Model, Design Space Map, Assumptions	High-Fidelity Prototype, Usability-Oriented Test Results, System Vision, Usage Model, Service Model, Process Requirements, Functional Hierarchy, Data Model, Deployment Requirements, Risk List, System Constraints, Quality Requirements, Glossary	
Need Finding	Secondary Research, Field Studies		
		System Layer	
Synthesis	Thematic Clusters, Personas, Customer Journey, Insights, Opportunity Areas	Architecture Overview, Function Model, Data Model, Component Model, Behavior Model, Glossary	
Idea-tion	Solution Ideas		
Prototype and Test	Low-Fidelity Prototypes, Scope-Oriented Test Results, Medium-Fidelity Prototypes, Feature-Oriented Test Results		

図 11.1　デザイン思考と従来型要求工学の成果物の対応関係の例

11.3　プロトタイピングとデザイン思考

　アジャイル型の開発プロセスでは，変化に対して俊敏に対応するために，反復型開発が行われる．アジャイル開発は様々な企業で取り組まれている．また，デザイン思考とアジャイル開発の融合についても研究されている [2]．反復型の開発プロセスにおいて，反復回数や各反復の個別の目標設定は，対象ドメインの性質，プロジェクトの予算などの条件，参加メンバーのスキルレベルにより様々である．

　反復型の要求獲得において，プロトタイピングを導入する方法もある．McElroy によれば，プロトタイプは，"時間を掛けて改善する目的のもと，他の人々に伝えられる形，あるいはユーザテストが可能なフォーマットに落とし込んで，アイデアを明示すること"と定義されている [3]．McElroy は，プロトタイプに，低忠実度，中忠実度，高忠実度からなる 3 つの忠実度と，ビジュアルの精度，機能の幅広さ，機能の深さ，インタラクティビティ，データモデルの 5 つの要素を定義した．低忠実度のプロトタイピングでは，ユーザフローや情報アーキテクチャなど全体のコンセプトをテストする．中忠実度のプロトタイピングは，5 つの要素のうちいずれか 1 つを最終製品に近づけて確認する．高忠実度のプロトタイピングでは，具体的なインタラクションや，細かい点のユーザテストを行う，とされている．

　プロトタイピングの目的として，アイデアの検証，アイデアの修正，アイデアの拡張があげられている [4]．McElroy によるプロトタイプの 3 つの忠実度，Treder のプロトタイピングの目的の整理は重要な知見であるが，本知見がデザイン思考におけるプロトタイピングへ適用される状況には至っていない．

11.4　プロトタイピング活用によるデザイン思考と従来型要求獲得手法の連結手法

11.4.1　課題と解決策アプローチ

　従来型の要求獲得プロセスにデザイン思考を組み合わせ，サービスを創出するプロセスにおいて，次の 3 つの課題が考えられる．1 点目の課題は，従来型の要求工学とデザイン思考の成果物のうち，作成すべき成果物が定義されていない点である．2 点目の課題は，サービス創出のプロトタイピングの反復回数が不明確な点である．最後の課題は，反復的にプロトタイピングを行う際に，各反復の終了条件が曖昧な点である．

　これらの課題に対して，中島らは次のアプローチにより解決策を検討し，役割別プロトタイピング手法を提案している [5]．

提案手法では，作成すべき成果物を，CJM，ユースケースモデル，プロトタイプと定義している．CJM は，デザイン思考によるワークショップでユーザの視点から，問題点を洗い出す手法として広く利活用されている．ユースケースモデルは，従来型の要求定義プロセスにおいて，機能要求をモデリングするための手法として広く認知されている．Hehn らによれば，プロトタイプは CJM とユースケースモデルを含む Usage Model が，要求工学とデザイン思考との間の橋渡しの役割を担うことになる [1]．

提案手法において，反復回数は 3 回を基準にしている．McElroy はプロトタイプに低忠実度，中忠実度，高忠実度の 3 つの忠実度を定義している．また，Hehn らは Low-Fidelity Prototype, Medium-Fidelity Prototype, High-Fidelity Prototype の 3 つのプロトタイプの成果物を定義している．チーム内で共感の場の形成を体験するには，1 回の反復では不足し，2 回では反復回数が少なく，一方で 4 回以上では時間を要することから，反復回数を 3 回とすることは，妥当であると考えられる．

提案手法では，各反復の終了条件を定義するにあたり，3 つのレベルのプロトタイプを設定し，これらを基準とすることが検討されている．3 つのレベルとは，Treder が定義したプロトタイピングの目的を，前述した3 回の繰り返しに対応させ，各反復に対して，それぞれ「アイデアの検証」，「アイデアの改善」，「ソリューションの決定」が設定されている．

11.4.2 役割別プロトタピング手法

図 11.2 に，CJM，ユースケースモデル，プロトタイプの 3 つの成果物とデザイン思考のプロセスの対応関係を示す．Empathize（共感）とDefine（定義）では，(1) CJM による共感と問題定義により，CJM を作成する．Ideate（創造）では，(2) CJM の Insight に基づくソリューションの考案により，ユースケースモデルを作成する．Prototype（プロトタイプ）と Test（テスト）では (3) プロトタイピングにより，プロトタイプを作成する．

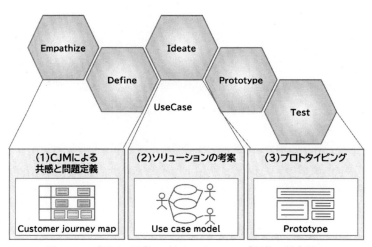

図 11.2　デザイン思考のプロセスと 3 つの成果物の対応付け

　図 11.3 は，役割別プロトタイピング手法のプロセスを示す．提案手法
では，図 11.2 に示すプロセスを，図 11.3 に示すように 3 回繰り返す．ま
た 3 回の繰り返しを，それぞれレベル 1，レベル 2，レベル 3 と定義する．
さらに各レベルに役割を設定する．レベル 1 の役割として「アイデアの検
証」を，レベル 2 の役割に「アイデアの改善」を，レベル 3 の役割に「ソ
リューションの決定」を設定する．役割を定義し，プロセスの終了条件を
明確にすることで，議論の範囲を明らかにし，サービス創出のプロセスを
円滑に進めることを支援する．

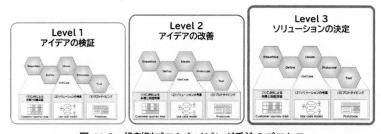

図 11.3　役割別プロトタイピング手法のプロセス

　表 11.1 に，前述した 3 つのレベルの役割と重視するべきタスクを示す．
表 11.1 において，プロトタイピングで重視するタスクの重要度を，二重
丸（◎），丸（○），三角（△）で表している．◎は，当該レベルで最も重
視すべきタスクを示す．○は，◎のタスクの次に，重視するタスクを示
す．△は，当該レベルで，○の次に重視するタスクとする．

表 11.1　プロトタイピングの各レベルの役割と重視するべきタスク

重視するタスク	Level 1 アイデアの検証	Level 2 アイデアの改善	Level 3 ソリューションの決定
Validation（検証）	◎	○	○
Correction（詳細の修正）		◎	○
Expansion（拡張）		△	◎

　レベル 1 の目的は，プロトタイピングによりアイデアを可視化し，ス
テークホルダがそのサービスを必要としているかどうかを確認することで
ある．レベル 1 では，ワークショップのテーマとなる課題や背景情報を
入力として，CJM，ユースケースモデル，プロトタイプの 3 つの成果物
を作成する．レベル 1 において，図 11.2 に示す 3 つのプロセス（1）〜
（3）は次のように対応する．（1）において，ペルソナと CJM を記述する
シナリオを決定する．決定したペルソナとシナリオに基づき CJM を作成
する．そして，CJM の Action, Opponent, Thinking, Feeling を記述
する．これらを記述する過程で浮かび上がる違和感，課題，課題発生の
原因，解決策へのアイデアなどの気づきを Insight として記述する．出現
する問題やそれに対する解決策が CJM で出現した Thinking や Feeling
を解消するものになっているのか確認する．ワークショップのテーマと
照らして，抽出した Insight の優先度検討し，以降のプロセスで優先して
取り組む Insight を決定する．（2）において，着目した Insight に基づき，
ユースケースモデルを定義する．例えば，着目した Insight が課題を示す

ものであれば，その解決策をユースケースとして特定し，ユースケース図を記述する．（3）において，前述の（2）で作成したユースケースモデルに基づき，プロトタイプを作成する．レベル 1 のプロトタイピングでは，簡単な動作を行うプロトタイプを作成し，ペルソナが解決したい課題が解決されているかどうかを検証する．

　レベル 2 の目的は，考案したサービスの使い勝手やデザイン，ユーザのプロセスの変更などのアイデアの改善を行うことである．レベル 2 ではレベル 1 で作成した CJM，ユースケースモデル，プロトタイプを入力として，改善を行い，改善された CJM，ユースケースモデル，プロトタイプの成果物を定義する．レベル 2 において，図 11.2 に示す 3 つのプロセス（1）では，レベル 1 で作成したプロトタイプから得た新たな問題点や，気づき，改善点を Insight として，CJM に追加する．また，CJM 全体を確認し，新たに追加された Insight によって影響のある Opponent，Feeling，Thinking の整理も行う．レベル 2 では，図 11.2（1）のプロセスよりも，（2）（3）に焦点を当て，レベル 1 で考案した解決策に対して，実現可能性や，利用するにあたって不便だと感じる操作性や見た目などの修正や改善を行う．例えば，（3）のプロトタイピングでは，実際の使われ方を想定したインタフェースを用意し，レベル 1 のプロトタイプをどのように改善すれば使いやすくなるかを検討し，アイデアを改善する．アイデア全体の検証はレベル 1 で行われているため，改善した箇所を中心に，CJM の Thinking や Feeling との対応を確認する．なお，着目した Insight の解決策が，ペルソナにとって必要としているものか疑問が生じた場合には，改めて解決策の代替案を検討する．

　レベル 3 の目的は，レベル 1 やレベル 2 を通して得たアイデアを拡張し，解決策として提供するサービスを決定することである．レベル 3 でも，図 11.2 に示す 3 つのプロセスを経て，レベル 2 で作成した CJM，ユースケースモデル，プロトタイプを改善する．レベル 3 では，作成した CJM，ユースケースモデル，プロトタイプの 3 つの成果物を確認し，ユーザへのサービス提供を想定したユースケースモデルを決定し，プロトタイプにより検証する．プロトタイプ作成に多大なコストや作業時間が必要になるリスクが想定されるため，改善のアイデアをユースケースモデル

に落とし込み，提案するサービスアイデアについてチーム内で合意形成することを重視する．

11.5 GX とデザイン思考

　新たなビジネスモデルの考案に，デザイン思考を適用する試みは多数報告されている [6]．例えば，IT 産業以外のデザイン思考の適用領域として，グリーントランスフォーメーション（Green Transformation，以下GX と略す）が注目されている [7]．文献 [8] では，中小の家具産業を対象にし，GX を具現化するためのプロセスモデルが提案されている．提案されたプロセスモデルでは，グリーン製品の開発プロセスとデザイン思考のプロセスを統合し，製品開発プロセスの各側面で，巻き込むべきステークホルダが定義されている．ここで取りあげられたステークホルダとしては，users, distribution channels, internal agents, suppliers, external agents, sponsors, the community がある．本取り組みでの重要ポイントは，グリーン製品開発（Green Product Development Process）の各プロセスで，どのようなステークホルダを巻き込むべきかを具体的に示している点である．GX の実現では，調査や商品企画を含む製品開発のあらゆるプロセスにデザイン思考の実践を意識すること，各プロセスで巻き込むべきステークホルダを特定して，ステークホルダ要求を取り込むことをルーチン化することが重要であると考えられる．

　デザイン思考の実践には，ステークホルダの特定やステークホルダが積極的にソリューションの実現に関われるようにする Engagement のノウハウも必要である．Gregory らは，Social identity theory に基づくステークホルダの特定と Engagement のための方法論を研究している [9]．ステークホルダを特定するモデリング技術では，ステークホルダ分析 [10]や Customer Value Chain Analysis [11] などがある．これらのダイアグラムでステークホルダの関係性を記述し，参加者（ここでは要求獲得ワークショップに参加しているステークホルダ）間で合意形成することは，従来の REBOK でも重視していた知識とスキルである．SDGs の取り組み

の具現化も合わせ，地球環境，未来の（まだ見えていない）顧客も含め，ステークホルダを具体的にどのように特定し，ステークホルダが積極的にイノベーションを実現するソリューションの考案と Engagement をどう実装するかなど，もう一歩進んだ要求獲得の方法が求められている．

11.6　非言語要求を可視化する拡張 CJM と要求獲得

要求獲得において，ステークホルダの要求は言語化され，言語化された要求を，要求仕様書などのドキュメントにまとめることになる．要求獲得の過程において，要求が適切に言語化されていないものの，重要な要求になりうる非言語要求も考慮する必要がある．例えば，あるシステムの機能を利用する際，適切な言葉で使用感をまとめて記述することはできないものの，何らかのストレスで快適ではないと感じている場合，利用者の表情や動作などの非言語要求は，当該機能の要求の改善をする上で重要である．

ところで，人間の認知（Cognitive）をモデル化し，視覚，音声，言語，意思決定などを支援するサービスの API が提供されている．Web 上に日々蓄積される検索キーワードやタグからトレンドを抽出し，顧客行動を予測することも，そのようなサービスの 1 つである．また，発話記録や行動記録から自然言語処理技術を駆使して，ユーザの要求を抽出する方法も考えられる．画像に含まれる人の顔の検出，認識，分析するための AI アルゴリズムを提供する，Microsoft 社の Microsoft Face API（以下，Face API）[1] もそのようなサービスの一つである．

CJM の作成において，ペルソナの Thinking（考え）や Feeling（感情）は，ワークショップ参加者により属人的に抽出されることがあり，ユーザの真の考えや感情と合致するかどうかの検証は省略されることが多い．そのため，作成された CJM の妥当性が不明確で，ユーザの視点でアイデア

1　　https://azure.microsoft.com/ja-jp/products/cognitive-services/face/

を創出することに積極的な活用が困難という問題がある．この問題の解決のために，例えば，ユーザの非言語情報の 1 つである表情に着目し，表情の自動抽出によって，要求獲得の正確性の向上に役立てようとする試みも行われている [12]．提案された手法では，Face API などで獲得した表情データから推定される感情データと，CJM の内容を統合し，拡張 CJM を作成する．

図 11.4 に，デザイン思考のプロセスと，対応づけた要求獲得プロセスのタスクを示す．図 11.4 に示すように，「(1-3) CJM の作成」において，拡張 CJM でモデリングしながら，非言語要求の 1 つである表情から得られた感情データの獲得と検証による要求獲得を行う．

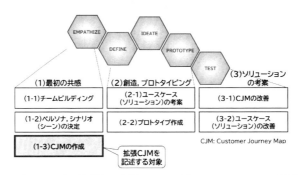

図 11.4　非言語要求（表情）の分析ツールを活用した CJM による要求獲得プロセス

表情データに着目した「(1-3) CJM の作成」の詳細を図 11.5 に示す．具体的には，以下の通りである．

- CJM の記述：ペルソナを設定し，ペルソナ，CJM を記述する．
- 表情の記録：表情の記録をする対象者を選定し，対象者がペルソナになりきり，CJM の感情を再現する．対象者は，感情を顔の表情や声のトーンなども含めて再現し，再現中には，カメラまたは画面録画などにより記録する．
- 表情の分析：記録したデータの表情分析を行う．表情分析を行う際

203

は，例えば，Face API などのツールを利用し，感情データとして抽出する．なお表情分析には対象者の同意を得て利用する．

- 差異の特定：CJM と感情データを統合させた「拡張 CJM」を作成する．拡張 CJM を作成する際，表情分析結果と表情分析グラフの枠を新たに作成する．表情分析結果に記述する感情は，表情分析グラフを参照し，一定の閾値以上の感情を使用する．作成した拡張 CJM により，CJM と感情データを比較し，差異がある箇所を抽出する．
- 差異の調査：差異が確認された箇所について調査し，差異に対してインタビューを行う．
- CJM の改善：「差異の調査」に基づき，CJM の Feeling や Thinking に対して追加，修正，削除を行う．
- 必要に応じて，チーム内で合意形成されるまで，「差異の調査」と「CJM の改善」を繰り返す．

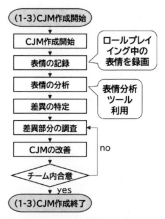

図 11.5　拡張 CJM を記述する詳細プロセス

11.6.1　拡張 CJM の適用例

「テーマパークでのコロナ対策」を題材とした，拡張 CJM 適用例について説明する．この拡張 CJM は，チーム内でワークショップを実施し，ペルソナやシナリオの設定をした後，通常の CJM を作成する．その後，

「表情の記録」プロセスとして，チームの代表者がペルソナになりきり，ロールプレイングをチーム内で実施し，表情の動画を作成する．作成した動画を入力として，「表情の分析」において， Face API などの表情分析ツールを用いて，表情からペルソナの感情を導出し，導出した結果を拡張 CJM にまとめる．拡張 CJM の記述例を図 11.6 に示す．図 11.6 において，フェーズ，Action, Opponent, Thinking, Feeling は，一般的な CJM の記述フォーマットである．図 11.6 の表情分析結果と表情分析グラフが，一般的な CJM から拡張した部分である．

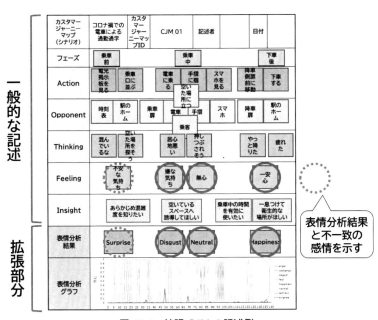

図 11.6　拡張 CJM の記述例

　拡張部分では，表情分析グラフがツールの抽出結果として得られることになるので，これらを参照しながら，一定の閾値以上の主たる感情を抽出して記述する．その後，一般的な CJM の Feeling と，表情分析結果から得られた感情を比較して，一致しない部分（ここでは点線で囲んだ部分）を「差異」として特定し，ペルソナへの詳細インタビューを行う対象とす

る．詳細インタビューでは，動画を再生しながら，一般的な CJM の記述での Feeling が正しいのかどうか，表情から読み取れるその他の感情などについてインタビューを行い，Feeling に記載の感情を修正する．

　図 11.6 の CJM 上の「入場中」フェーズでは，「楽しい」という Feeling が抽出されている．表情分析の結果では，「Happiness」と「Neutral」が認識されている．これらを比較すると，「楽しい」と「Happiness」は一致しているものの，「Neutral」は CJM に対応する Feeling としては抽出されていない．このような不一致箇所をチームメンバー内で CJM を検証する際のきっかけとして利用する．表情分析ツールには，「疲れた」とか「眠い」(つまり無関心) などのきめ細かな感情までは特定できない制約があることや，表情が乏しい参加者からは表情から感情の推定が困難であることも考えられる．従って，ツールとの差異があるからといって，何らかの誤りが存在するとは限らないので，改めて CJM 上のペルソナの Thinking や Feeling を再確認し，さらに関係するユーザにヒアリングを行うべきであることなどの要求獲得を掘り下げるべき箇所を洗い出す程度のゆるいゴールを設定して，見直しを行うことが推奨される．

11.6.2　要求獲得プロセスにおける表情分析ツールの活用

　要求獲得ワークショップでは，CJM と感情データを比較した場合，一致／不一致のいずれのケースも存在すると想定される．各ケースにおいて，単純に CJM の記述が適切／不適切と断定するのではなく，例えば，次のような CJM の検証方法が考えられる．

- CJM と感情データが一致すれば，CJM で定義した結果は妥当な可能性は高いが，改めて CJM の定義状況が十分かどうかを確認する．
- CJM と感情データが不一致の箇所に対しては，CJM の定義状況は不十分な可能性があるため，インタビューの追加などにより要求獲得をさらに掘り下げ，CJM の見直しを行う．

　拡張 CJM を用いて，CJM と感情データの可視化結果を統合したモデルを参照することで，CJM とペルソナの感情との比較が可能になり，CJM の検証をしやすくし，従来の CJM による要求獲得の属人化の防止

に有効であると考えられる．なお，AI ツールなどのテクノロジーから感情を自動推定することによるプライバシー問題は多くの議論がある．表情を分析する場合には，あらかじめ被験者の同意を得ること，分析対象を CJM に記載されたシナリオに限定し，作成した CJM の改善にのみ適用することなどの取り扱いへの慎重な注意が必要である．

参考文献

[1] Jennifer Hehn,Daniel Mendez,Falk Uebernickel,Walter Brenner and Manfred Broy, On Integrating Design Thinking for Human-Centered Requirements Engineering,IEEE Software,vol.37,no.2,pp.25-31,2020.

[2] Mendonça,C,M de Sá Araújo, Santos,I,M.Canedo, E,D.Favacho,A,P,de Araújo, Design Thinking Versus Design Sprint: A Comparative Study, Design,User Experience and Usability, Design Philosophy and Theory, pp.291-306, 2019.

[3] Kathryn McElroy, Prototyping for Designers: Developing the Best Digital and Physical Products, O'Reilly Media, 2017.

[4] Marcin Treder, The Wrong Way to Prototype, UXPin. https://www.uxpin.com/studioprototyping/wrong-way-prototype/, 2020.

[5] 中島 千壽, 北川 貴之, 近藤 公久, 位野木 万里, サービス創出のためのデザイン思考と要求工学の融合による役割別プロトタイピング手法の提案, サービス学会第 10 回国内大会, A-1-3-03, 2022.

[6] Jonas Frich, Midas Nouwens, Kim Halskov, Peter Dalsgaard, How Digital Tools Impact Convergent and Divergent Thinking in Design Ideation, Proceedings of the 2021 CHI Conference on Human Factors in Computing Systems, Association for Computing Machinery, New York, NY, USA, Article 431, pp.1 – 11, 2021.

[7] Yu Liu, A Scientometric Analysis of User Experience Research Related to Green and Digital Transformation, Management Science Informatization and Economic Innovation Development Conference (MSIEID), IEEE, 978-1-6654-1541-5/20, 2020.

[8] Roberta Cristina Redante, Janine Fleith de Medeiros, Gabriel Vidor, Cassiana Maris Lima Cruz, José Luis Duarte Ribeiro, Creative Approaches and Green Product Development: Using Design Thinking to Promote Stakeholders' Engagement, Sustainable Production and Consumption, Volume 19, pp.247-256, 2019.

[9] Amanda J. Gregory, Jonathan P. Atkins, Gerald Midgley, Anthony M. Hodgson, Stakeholder Identification and Engagement in Problem Struc-

turing Interventions, European Journal of Operational Research, Volume 283, Issue 1, pp. 321-340, 2020.

[10] Helen Sharp, Anthony Finkelstein, Galal Galal, Stakeholder identification in the requirements engineering process, Proceedings of 10th International Workshop on Database and Expert Systems Applications (DEXA), pp. 387-391, 1999.

[11] Krista M. Donaldson, Kosuke Ishii, Sheri D. Sheppard, Customer value chain analysis, Research in Engineering Design, vol.16, pp.174-183, 2006.

[12] 田口 紘夢, 中島 千壽, 北川 貴之, 位野木 万里, 非言語要求に着目したデザイン思考要求獲得手法の提案 カスタマージャーニーマップと表情認識技術の活用, 第 84 回情報処理学会全国大会, 情報処理学会, 2022.

第 12 章

要求獲得の未来トレンド

12.1　はじめに

12.2　メタバースを活用した要求獲得

12.3　アート思考と要求獲得

12.1　はじめに

　イノベーションの実現に向けて，様々なテクノロジーやそのための思考法が提案されている．ソフトウェア・システムの要求獲得では，そのようなテクノロジーを利用して要求獲得プロセスを効率的かつ有効に実施することを検討することが重要である．また，新たなテクノロジーに基づくソリューションそのものの要求獲得手法についても明らかにすることが必要となる．本章では，新たな要求獲得のプラットフォームになりうるメタバースと，ビジネスとテクノロジーを融合させた独創的アイデアを考案するための思考法であるアート思考をとりあげて，要求獲得技術における活用方法，事例，課題などについて展望する．

12.2　メタバースを活用した要求獲得

　従来のデザイン思考型の要求獲得では，エンドユーザ，企画者，開発者，技術者らが対面してワークショップ形式で実施することが一般的である．リモートワークの機会の増大に伴い，デザイン思考を用いた要求獲得ワークショップも，リモートにより実施されることが増えている．例えば，リモート会議ツールを用いたワークショップでは，クラウド上でのファイル共有を通して実施され，参加者は，画面共有により CJM などのモデル化手法を用いて要求の洗い出しを行う．リモートによる参加者は，画面上の操作や成果物の作成作業に注力する傾向があり，コミュニケーションがとりにくいという課題がある [1]．

　リモート会議ツールやファイル共有などのツールでのコミュニケーションでは限界があるため，より臨場感のあるコミュニケーションの実現や，新たなサービス創出の場として，メタバース（Metaverse）の利用が注目されている [4, 5]．メタバースは，Meta（超越した）と Universe（宇宙）を組み合わせた語であり，仮想空間サービスや仮想空間の総称である．メタバースを利用できるサービスとして Cluster[2] や Virbela[3] がある．これら特定のサービスに留まらず，デジタル空間と現実との境界が混然一

体としていく中で，新たなビジネスやサービスへの活用の広がりが期待されている．

ところで，メタバースを活用した要求獲得ワークショップの実施例は現状多くはない．ここでは，メタバースのツールとして，大規模イベントでの成功事例もあり，プライベートオフィス空間をすぐに利用可能なVirbela を利用し，要求獲得の場面を想定したワークショップの実施例について解説する．

12.2.1 メタバースにおけるデザイン思考ワークショップ

2 つのグループ A と B に分かれ，デザイン思考によるワークショップを実施し，メタバースサービスの利用有無の違いを比較する．Virbela は，アプリをダウンロードし，アバターを作成する．仮想空間上で作成したアバターを操作し，仮想オフィスルームを利用することができる．

ワークショップの実施方法
被験者は，大学生 7 名（2 年生 2 名，3 年生 2 名，4 年生 2 名，院生 1 名）と社会人 2 名の合計 9 名である．9 名を 2 つのグループ A と B に分けた．内訳は，グループ A が 4 名（2 年生 1 名，3 年生 1 名，4 年生 1 名，社会人 1 名），グループ B が 5 名（2 年生 1 名，3 年生 1 名，4 年生 1 名，院生 1 名，社会人 1 名）である．ワークショップの実施時間は約 3 時間である．ワークショップでは，テーマ 1：百貨店の移動店舗，テーマ 2：車や家電のサブスクリプションとして，新規ビジネスアイデアを検討し，検討結果をアイデアシート [6] にまとめた．ワークショップ参加者は，自身のアイデアを付箋紙アイコンに記述して，仮想空間上のアイデアシートに貼り付けた．

ワークショップはリモートで実施し，ディスカッションなどのコミュニケーションはグループおよびテーマ共通で Zoom を利用した．テーマ 1 では，アイデアの抽出と検討のツールとして，グループ A が Virbela を利用し，グループ B は Virbela を利用せず，Google Jamboard を利用した．テーマ 2 では，グループ A が Google Jamboard を，グループ B が Virbela を利用した．2 つのテーマの終了後，各グループが検討成果を発

表した．ワークショップ終了後に参加者への聞き取りとアンケートを実施した．著者らは，ワークショップ中の参加者のディスカッションの動画と発話データを記録した．ワークショップ実施後に，各グループが作成したアイデアシート，発話記録，聞き取りとアンケート結果を分析した．

12.2.2　ワークショップ実施状況と作成成果物

図 12.1 に Virbela を使用した際のワークショップの様子を示す．テーマ 1 ではグループ A が 35 件，グループ B が 24 件のアイデアが抽出された．テーマ 2 ではグループ A が 51 件，グループ B は 24 件のアイデアが抽出された．

図 12.1　メタバース上でのワークショップの様子

12.2.3　ワークショップの実施状況の分析と評価

表 12.1 にグループ別テーマ別のアイデア抽出過程での発話データの内訳を示す．図 12.2 に参加者別テーマ別の発言数を示す．表 12.1，図 12.2 に示すように，グループ A と B のいずれも，Virbela を使用時の方が，Google Jamboard のみの使用時と比較し，1 人当たりの発言数が多いことが分かる．著者がワークショップを観察した実感としても，各テーマに対して Virbela を活用したグループの方が，活発な意見交換がされていたことを確認している．グループ B のテーマ 2 では Virbela の機能を用い

てダンスをしている様子が観察された．また，ワークショップ後の聞き取りでは，「Virbela を使用して良かった点として，仮想オフィスの壁に意見を貼り付けて残しておくことで議論の途中経過を可視化し，資料を資産として蓄積できる」，「アバターが会議室にいることで，グループメンバーで互いの存在を認識し，臨場感を感じてディスカッションできることが良かった」，「ダンスなどのリアクションで場の雰囲気を和ませる事ができる」などのメタバースの利用に関する積極的な意見を得た．

Virbela 利用時の問題点としては，「仮想空間上でアバターを円滑に操作できるようになるために時間が掛かる」，「会議室の壁に議論で抽出されたアイデアを付箋紙で貼ることにしたが，見やすい大きさに付箋紙のサイズを調整すること，壁に貼った複数の付箋紙を見やすく整列することができなかった」，「3 時間のワークショップ中，3D 空間でアバターを操作したため 3D 酔いした」，「PC のスペックも問題で，アバターの動きに制約がでる」などがあがった．

表 12.1　テーマ別グループ別ワークショップ結果データ

テーマ	テーマ1		テーマ2	
グループ	A	B	A	B
議論時間(分)	50		50	
参加人数(人)	4	5	4	5
発話数(件)	118	99	57	156
発話頻度(一人当たり)	29.5	19.6	14.3	31.2
3以上のやり取り(件)	18	18	8	26

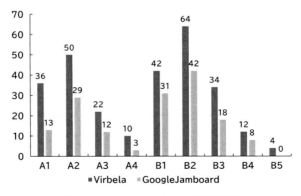

図 12.2　ツール別メンバー別発話件数

12.2.4　要求獲得ワークショップにおけるメタバースの利用方法

　ワークショップの実施結果の分析に基づき，メタバースを活用した要求獲得ワークショップの実施方法に関して，得られた教訓を整理する．ワークショップの分析と評価により，メタバース利用時の発言数は，リモートワークツールのみよりも多かった．このことは，メタバースにおいてアバターがいることで，人と人同士のコミュニケーションに臨場感を感じたことや，ダンスや拍手などのリアクションすることで場の雰囲気を和ませることができたことが要因であると考えられる．

　Virbela を使用する際には，専用のアプリのダウンロードが必要であること，加えて個人の所有する PC のスペック不足による動作不良の発生，アバターの操作方法に慣れるまでに時間が掛かること，メタバースとして作られているので付箋の大きさを変える事が困難などの問題点がある．要求獲得のために，テンプレートをクラウド上で共有して作成することと，メタバース上で操作する点には成果物の結果に差がないことから，アイデアシートなどのテンプレートを用いたアイデア抽出の成果物の作成は，オンラインホワイトボードなどの活用で充分であると考えられる．

　発言回数が一番多かった Virbela を利用したグループ B ではダンスが行われていることが観察された．このことから，アイスブレイクの際にもダンスやハイタッチなどの遊びの要素を取り入れることで参加者同士の会話を引き出すことが可能であると考えられる．ワークショップのアイスブレイク用のツールとしてメタバースを活用することは，グループ内のコミュニケーションを活性化することに有効であると考えられる．

　図 12.3 に，今後のリモートでの要求獲得ワークショップ方法の比較を示す．図 12.3 の左側は，対面ディスカッション，紙ベースの成果物作成に基づく，従来型の対面での要求獲得の方法を示している．従来は，ホワイトボードに付箋紙を貼った形式の CJM を作成し，ブロックやモールなどを用いたプロトタイピングを実施していた．今後のリモートを駆使した要求獲得ワークショップでは，図 12.3 の右側に示すように，様々な ICT 環境を用いて，従来型のワークショップ以上の効果が得られる方式が求められる．例えば，CJM の作成にはオンラインホワイトボード，プロトタ

イピングではクラウド型の IoT 基盤である obniz[1]，臨場感のあるディスカッションにはメタバースの活用が考えられる．

　前述のワークショップの結果によれば，クラウド上で単純なファイル共有による場合と，メタバース空間上での場合を比較し，作成された成果物の結果に明確な差がないこと，特に，テンプレートを用いたアイデア抽出の成果物の作成は，オンラインホワイトボードの活用で充分であることを確認している．一方，活発な議論が行われたグループは，本格議論の前や途中で，Virbela の機能の一つであるダンスをして，アバター間でコミュニケーションを取っていた様子が観察された．メタバース上で，ダンスやハイタッチなどの遊びの要素を取り入れると，参加者間の会話を引き出し，場を盛り上げ，その後の議論の活性化に効果的であることを確認した．アイスブレイク用のツールとしてメタバースを活用することは，リモートによる要求獲得ワークショップにおいて，グループ内のコミュニケーション活性化に有効であると考えられる．

図 12.3　対面型とオンライン・共創型の要求獲得ワークショップ方法の比較

12.3　アート思考と要求獲得

クリエイティブなエネルギーを高めるには，サイエンス，エンジニアリ

1　　https://obniz.io/ja

ング，デザイン，アートのサイクルの循環が重要であると言われている
[6]．従来の要求工学では，要求獲得，分析，仕様化，検証，管理に関する
知識とスキルの向上を目的として手法やツールに関する技術がフォーカス
され，デザイン思考型の要求工学では，ユーザ視点による課題の反復的解
決に主眼が置かれている．イノベーションの実現，DX の社会実装には，
クリエイティブな発想に基づく，問題の発見が重視される．そのために
は，従来型，そして，デザイン思考型とは異なる視点が求められる．

12.3.1　様々な思考法と要求獲得手法の融合

図 12.4 に，様々な思考法やモデリング技術の例を示す．

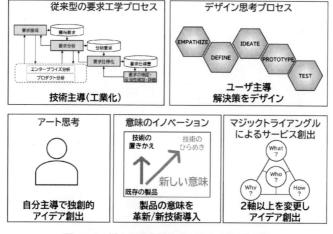

図 12.4　様々な思考法やモデリング技術の例

　従来型の要求工学プロセスは，対象となる業種業務領域の専門家でなく
とも，基本設計や開発にスムーズに接続するための要求仕様を定義するプ
ロセスの工業化，技術主導の考え方が主流であった．前述したように，技
術主導や工業化ではなく，ユーザ視点からの問題解決を主体にした思考法
として，デザイン思考 [7, 8] がある．さらに，自分主導で独創的アイデア
を創出するアート思考 [9]，製品の意味を革新する意味のイノベーション

[10]，ビジネスモデルを表すマジックトライアングルの 2 軸以上を変更してアイデアを創出するサービス創出手法 [11] などが提案されている．

デザイン思考はユーザ視点からの「問題解決」を主体とした思考法であり，イノベーションの成功には「問題発見」や「アイデア創出」を促進する別のアプローチが必要であるとして，アート思考が提案されている [9, 12, 13]．文献 [13] では，日本の製造業に焦点を当て，デザイン思考の限界を指摘し，アート思考の位置づけと重要性を解説し，マツダの事例を取りあげてユーザニーズを超えた価値創出について述べている．

意味のイノベーションは，ベルガンディが「突破するデザイン」の中で提案した思考法で，ある製品の用途の「意味」に着目して，その用途の意味を従来とは異なる発想でデザインし直す方法論である [10]．ビジネスモデル・ナビゲーターは，ビジネスモデルを，誰に，何を，どのように，なぜの 4 軸からなるマジックトライアングルでモデル化し，ビジネスモデルのイノベーションを同 4 軸のうち 2 軸以上を刷新することと定義している．主要なビジネスモデルを 55 個のモデルにパターン化し，これらのパターンをワークショップなどで参照しながらアイデアを抽出する手法が提案されている [11]．これら以外の新たな思考法やモデリング技術も盛んに考案され，創造的な要求獲得の方法は広がりを見せている．

12.3.2 アート思考のねらい

エンジニアリングとデザイン思考はいずれも，課題を解決して実践することを目的とし，イノベーションを起こす圧倒的な起爆剤になるような「問題提起」をすることに軸足は向いていない．前述の KCC の思考のプロセスにおいて，従来型の課題解決アプローチとは異なる新たなアプローチの創出の可能性への期待から，「アート」思考の導入が特に注目されている [9]．

Jacobs によれば，アート思考を備えたアーティストは，自己の哲学，こだわりを作品に昇華させようとするメタ認知やマインドセットに特徴があるとしている [14]．図 12.5 に，Jacobs によるアート思考の特徴を示す．図 12.5 において，アート思考が可能な能力とは，認知の視点から，メタ認知，アイデアのリソース（引き出し）を持つこと，美的感覚を内に

秘めながら自ら何かを生み出そうと行動し，作品に向き合い，内省と作品への反映を継続できることが特徴としてあげられている．また，アーティストには，自己共感，直感重視，曖昧さを許容するというマインドセットを備えていることも強調されている．アート思考による考え方のアプローチを教育やモノづくりの一連のプロセスに適用することで，創造的なモノづくりにいかす取組みが今後さらに重要になると考えられる．

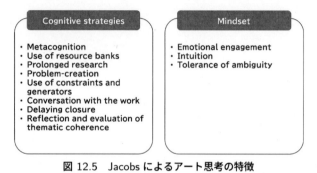

図 12.5　Jacobs によるアート思考の特徴

12.3.3　アート思考に基づく感性の強化による技術者育成

　従来の工学（Engineering）の視点では，開発にあたる技術者は，モノづくりに関する知識と，その知識を実践でいかすためのスキルの定着を重視してきた．技術者自身が，現状の社会に対してイノベーションを起こすためには，現状の問題に自ら気づくことが第一ステップと考えられる．そのために，技術者自身の視野の広さや，問題に気づくための独自の感性が重要であり，さらにその気づいた問題を解決しきる熱意の維持が必要と考えられる．技術者自身が問題に気づくために，知覚や感性の強化が極めて重要である．

　アート思考に基づく要求獲得の手法やその普及展開の方法論はまだ具体化に至っていないが，例えば，アーティストとの協業や異業種間ワークショップなどの実施はその解決策の一つである．また，社会人向け教育プ

ログラムであるトップエスイープロジェクト[2] では，要求工学コースの中
に，アート思考要求工学を新設している．

図 12.6 にトップエスイープロジェクトにおける，エンジニアリング，
サイエンス，デザインにアートを組み込んだ技術者育成の考え方を示す．
クリエイティブなエネルギーを高めるには，サイエンス，エンジニアリン
グ，デザイン，アートのサイクルの循環が重要であることは既に述べた．
要求エンジニアは，エンジニアリングを中心に，サイエンスとデザインを
組み合わせた知識とスキル，ユーザ視点を重視する姿勢を習得する必要が
ある．トップエスイープロジェクトでは，これらに加えて，社会にインパ
クトを与える独創性のあるアイデアの発想力を高めるために，「アート」
の視点を取り入れることに注力している．ここでの「アート」の視点の取
り入れ方は，描く，つくる，鑑賞する，対話するなどを実践することを試
みている．これらを通して，感性を育み，問題発見力やビジョンを描く能
力の強化に繋げていくことをねらっている．

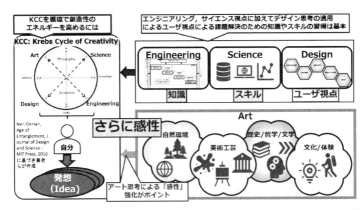

図 12.6　エンジニアリング，サイエンス，デザインにアートを組み込んだ技
　　　　術者育成の考え方

なお，アートの視点の取り入れ方は，描くことを基点とする以外にも，

2　https://www.topse.jp/ja/

自然，文学，歴史，哲学，芸術の学びや体験など，様々ある．アートを取り入れ，「感性」を強化するための技術者育成の方法についても進化が求められている．

参考文献

[1] Leonard Przybilla, Kai Klinker, Martin Kauschinger, Helmut Krcmar, Stray off topic to stay on topic: Preserving Interaction and Team Morale in a Highly Collaborative Course While at a Distance, Communications of the Association for Information Systems, Vol.48, no.23, pp. 177-184, 2021.

[2] Cluster, https://cluster.mu/

[3] Virbela, https://www.virbela.com/

[4] 三宅 陽一郎, メタバースの成立と未来-新しい時間と空間の獲得に向けて-, 情報処理, Vol.63, No.7, 情報処理学会, 2022.

[5] Sang-Min Park and Young-Gab Kim, A Metaverse: Taxonomy, Components, Applications, and Open Challenges, IEEE Access, vol.10, pp.4209-4251, 2022.

[6] Neri Oxman, Age of Entanglement, Journal of Design and Science -, MIT Press, 2016.

[7] Peter Rowe, Design Thinking, The MIT Press, 1991.

[8] Tim Brown, Change by Design, Revised and Updated: How Design Thinking Transforms Organizations and Inspires Innovation, Harper Business, 2019.

[9] Amy Whitaker, Art Thinking: How to Carve Out Creative Space in a World of Schedules, Budgets, and Bosses, Harper Business, 2016.

[10] ロベルト・ベルガンティ, 安西 洋之 (監修), 八重樫 文 (監訳), 突破するデザイン あふれるビジョンから最高のヒットをつくる, 日経 BP, 2017.

[11] Oliver Gassmann, Karolin Frankenberger, Michaela Csik, The Business Model Navigator: 55 Models That Will Revolutionise Your Business, FT Press, 2014, オリヴァー・ガスマン, カロリン・フランケンバーガー他 ビジネスモデル・ナビゲーター, 翔泳社, 2016.

[12] Peter Robbins, From Design Thinking to Art Thinking with an Open Innovation Perspective A Case Study of How Art Thinking Rescued a Cultural Institution in Dublin, Journal of Open Innovation: Technology, Market, andComplexity. 4 (4) , 57, 2018.

[13] 延岡 健太郎, アート思考のものづくり, 日本経済新聞出版, 2021.

[14] Jessica Jacobs, Intersections in Design Thinking and Art Thinking: Towards Interdisciplinary Innovation, CREATIVITY Vol. 5, Issue 1, 2018.

索引

C

Customer Journey Map(CJM) 163, 194, 197
CVCA 156

D

Digital Transformation(DX) 18

G

Green Transformation(GX) 201

J

JIS X 25010 123
JIS X 25010 品質モデル 121

K

Krebs Cycle of Creativity 148

M

Minimum Viable Product(MVP) 19, 179, 182

O

Onion Model 156

S

SE4BS 149
SWOT 分析 184

V

VPC 156, 184

Z

Zachman フレームワーク 33

あ

アート思考 216
アジャイル 174, 195
依存関係 127
イノベーティブ要求 19
インタビュー 30
エンタープライズ分析 26
エンティティ 93

か

改善要求 18
概念モデル 91
拡張 CJM 203
カスタマージャーニーマップ 163
関連 95
機能要求 21
クライアントステークホルダ 47
ゴール分析 32

さ

サテライトステークホルダ 47
サプライヤステークホルダ 47
シナリオ 34
シナリオ分析 26
情報システム要求 20
スクラム 175
ステークホルダ 23, 25, 27, 29, 42, 201
ステークホルダマトリクス 29, 51
スプリント 175
属性 93
ソフトウェア要求 20

た

多重度 95
デザイン思考 164, 194, 203, 211, 216
トレードオフ関係 127

は

非機能要求 21, 117
非機能要求グレード 119
非言語要求 202, 203
ビジネスモデルキャンバス 183
ビジネス要求 20
必須・任意 96
プロダクトバックログアイテム 174
プロダクト要求 20
プロトタイピング 36, 164, 196
プロトタイプ 196
分類 97
ベースラインステークホルダ 45
ペルソナ 164

ま

矛盾関係 127
メタバース 210
メトリクス 121

や

ユースケース 166, 168
ユースケースモデル 197
優先度 128
要求 18
要求獲得 16, 23
要求管理 36
要求スコープ 38
要求属性 38

要求トレース管理 39
要求ワークショップ 31, 59

ら

利用時品質 123

わ

ワークショップ 31

一般社団法人情報サービス産業協会（JISA）について

　JISA は国内の情報サービス産業の基盤整備等を通じ，健全な発展とともに我が国の情報化を促進，これにより経済・社会の発展に寄与することを目的に 1984 年に設立されました．以来今日に至るまで『情報サービス産業白書』の発行などの調査研究事業，各種セミナー，シンポジウムの開催などの教育・研修事業，プライバシーマーク審査事業などを通じて，業界の発展に寄与して参りました．また，情報サービス産業に関連する各種政策への提言・要望活動，世界の IT 業界との交流促進など，業界の活性化，高度化に努めています．

　2022 年 12 月末現在，会員数 539 社．
　https://www.jisa.or.jp/

◎本書スタッフ
編集長：石井 沙知
編集：伊藤 雅英
組版協力：阿瀬 はる美
表紙デザイン：tplot.inc 中沢 岳志
技術開発・システム支援：インプレスNextPublishing

●本書の内容についてのお問い合わせ先
近代科学社Digital　メール窓口
kdd-info@kindaikagaku.co.jp
件名に「『本書名』問い合わせ係」と明記してお送りください。
電話やFAX、郵便でのご質問にはお答えできません。返信までには、しばらくお時間をいただく場合があります。なお、本書の範囲を超えるご質問にはお答えしかねますので、あらかじめご了承ください。

●落丁・乱丁本はお手数ですが、（株）近代科学社までお送りください。送料弊社負担にてお取り替えさせていただきます。但し、古書店で購入されたものについてはお取り替えできません。

REBOKシリーズ第4巻

Digital Transformationのための
要求獲得実践ガイド

2023年3月17日　初版発行Ver.1.0

編　者　一般社団法人 情報サービス産業協会　要求工学グループ
発行人　大塚 浩昭
発　行　近代科学社Digital
販　売　株式会社 近代科学社
　　　　〒101-0051
　　　　東京都千代田区神田神保町1丁目105番地
　　　　https://www.kindaikagaku.co.jp

◉本書は著作権法上の保護を受けています。本書の一部あるいは全部について株式会社近代科学社から文書による許諾を得ずに、いかなる方法においても無断で複写、複製することは禁じられています。

©2023 Japan Information Technology Services Industry Association. All rights reserved.
印刷・製本　京葉流通倉庫株式会社
Printed in Japan

ISBN978-4-7649-6054-1

近代科学社 Digital は、株式会社近代科学社が推進する21世紀型の理工系出版レーベルです。デジタルパワーを積極活用することで、オンデマンド型のスピーディで持続可能な出版モデルを提案します。

近代科学社Digitalは株式会社インプレスR&Dのデジタルファースト出版プラットフォーム"NextPublishing"との協業で実現しています。